JN113954

時論・孝論〔農林編〕

持続する日本型農業

篠原 孝
Shinohara Takashi

創森社

持続する日本型農業

時論・孝論〔農林編〕

もくじ

もくじ

メモ

◆本書は著者自身の20年にわたるメルマガ（メールマガジン）、ブログで発表した中から主に農林分野を抜き出して補筆し（文の初めに発表年月日を記載）、これに新たにまとめた付章などを加えて編纂したものです。なお、一部に新聞寄稿や行事の挨拶などをメルマガ、ブログで掲載しているものもあります。
◆文中に登場する方々の所属、役職は原則として当時のまとし、敬称を略している場合もあります。
◆年号は西暦を基本としていますが、必要に応じて和暦を併用しています。

1章

地産地消から循環・縮小社会へ

戦後の日本をリードした考え方は、国際分業、自由貿易だったが、私は地球環境時代の21世紀は、全く逆でCO_2の排出も抑えるべくなるべく輸送を少なくして自前で生きていくことだと思う。

地産地消から循環社会へ

（２００６・１・６）

私はおぼろげながら日本社会の経済成長一点張りに疑問を感じはじめ、１９８５年に『農的小日本主義の勧め』、２０００年に『農的循環社会への道』をまとめた。

そうした中で、その地で生産したものをその地で消費するのが最も理に適（かな）った生き方ではないかと思い、「地産地消」という四字熟語を使い始めた。地場生産、地場消費を縮めたものであり、昔から使われる適地適産（作）が頭にあったからだ。同時に「旬産旬消」も使い始めたが、こちらは施設園芸農家に嫌われるので、活字にするのは長らく控えていた。この二つとも何のことはない、昔から「地のもの」「旬のもの」を食べるという言い伝えをはやりの四字熟語にしただけである。

うれしいことに、今や農業や食生活以外の様々な分野でも使われるようになった。その象徴でもある直売所はあちこちに置かれ、長野県のＪＡ中野市管内でも農産物産館オランチェなどの売上高が相当な額に達せんとしている。

ただ、その一方で食料の輸入はますます増え続け、国籍不明、生産過程不明の食べ物が我々の体に入ってきている。やれ自由貿易協定だ、競争だと相変わらず暴走を続ける日本には方向変換の兆しは見られず、農業・農村・農家は息も絶え絶えである。そのため、農地が耕されず遊休化し、若い後継者の不足は深刻化している。

かつて小泉首相は、郵政事業はこのまま放っておくと郵便は少なくなり、またなくなるから郵政民営化が必要だと言い、以前の盟友に刺客を送り込んでまで実現させた。一方、とうの昔からどうにも立ち行かなくなった農業はほったらかしである。地方から見ると郵政改革などより農政改革が先であっただろう。

しかし、国に頼ったりするのは止め、身近で考えて実践しようというのが地産地消である。つまり、需要は近くにあり、作ろうと思えば何でも作れるのだ。これを木材にも当てはめ、家も近隣の県産材で建てるようにすればよい。そしてその次の行き先は地域循環社会なのだ。

政治は理想を国民に示し、その実現に努めなければならない。21世紀は既に6年過ぎた。新しい理想の構築が必要である。

旬を忘れた日本の食生活

（２００８・２・28）

細かい日にちは忘れたが、２００８年2月頃のＮＨＫの番組で、冬のイチゴ（「アイベリー」）を旬の食材として報じていた。季節感が完全にズレているのが分からなくなった典型例である。

２０００年秋に、オランダのマーストリヒトでの持続的農業ワークショップに3人のゲストスピーカーの一人として招かれて、45分間話した。そこで、初めて英語で地産地消・旬産旬消の話をした。今考えると拙い英語で"Produce There, Consume There""Produce Then, Consume Then"と言ったのだが、通じたようである（今は"Produce Locally, Consume Locally""Produce Seasonally, Consume Seasonally"で統一している）。質問時間には80％が私に集中した。

そこでのイチゴのやりとりを分かりやすく紹介しておく。

「日本のイチゴの生産額は、いつが一番多いか。驚くことに12月。なぜか、クリスマスのショートケーキの上にイチゴをのせることから始まり、冬のイチゴが定着した。日本人は紅白を縁起がいいと考え白いケーキに赤ということにこだわる」

これに対して、

「日本は南半球の国で、キリスト教国かと思った」といったユーモアあふれる前置きがつけられ、「なぜ白いケーキに赤いイチゴなのか、そんなことは決まっていない」と質問された。

私は「皆さん、日本の国旗をご存じでしょう。白地に太陽を表す丸い赤です。お祝いの時に食べる〝まんじゅう〟というお菓子も紅白で縁起がいいと思われているのです」と冗談で返答した。

日本の食生活は乱れ狂っている。風土と隔絶した食生活に陥り、世界中から輸入しまくり、ついにギョーザまで中国でつくらせ冷凍して輸入し、学校給食にまで使い出す始末である。しかし、それよりもっと程度がひどいのが、全く季節感を失った食生活、そして、それに振り回された生産、販売活動である。生産と消費どちらが先か分からないが、狂いも極まれりである。

この地球環境時代に重油をたいて温室栽培してつくった季節はずれの大きなイチゴ、アイベリーを旬の食べ物として堂々と紹介する神経に驚かざるをえない。旬の感覚が完全に麻痺した恐ろしい国になってしまったのだ。

目を開かせるにはどうしたらいいか、ため息が出るばかりである。

今や地産地消はすっかり定着したが、旬産旬消を分かってもらうにはどうも時間がかかりそうである。

花の空輸は不要不急の代表ではないか

（2020・10・9）

貯蔵が利かない花こそ旬産旬消が原則

コロナ禍の中でみんなが大変な影響を受けているが、農業界では花農家と肥育牛農家が一番被害を受けた。高級牛肉は、料亭やレストランの需要が激減してしまった。しかし、肉はまだ冷凍・冷蔵ができる。それに対して花は長い貯蔵は利かず、その時に使われなかったらおしまいである。つまり、旬産旬消しかない代物なのだ。冠婚葬祭が身内だけでささやかに行われ、また大きな花を飾る大会やイベントも自粛されるなど、需要が突然消えてしまった。

私も会員の野党系「花き議連」は、2020年4月16日江藤農林水産大臣に花の消費拡大対策を講ずるように要請に押しかけた。その成果もあってか、5月を消費拡大のため「母の日月間」としてキャンペーンを行うことになった。

花農家に持続化給付金の申請を勧める

コロナ対策で、事業を展開できずに影響を受けた者に対して100万円給付する、持続化給付金が出されることになった。第一次補正と第二次補正を合わせて4兆2000億円と、農林水産省の本予算2兆3000億円と比べても膨大な額である。手続きは簡単ですべてパソコンで行うというのだ。私は秘書に命じて、影響を受けた農家も対象になるのだから花農家に持続化給付金の申請をするように勧めて歩かせた。なぜなら、ほとんどの農家はそんなことは自分に関係ないと勘違いしている。例えば長野県木島平村の農家が500軒で100万円ずつもらえるとしたら、木島平村に5億円のお金が入ることになり、村全体が潤うことになる。

ただ問題は農家の大半の人たちはパソコンなどをいじったことがないことだ。そこはよくしたもので、都会で働いている孝行息子・娘が代わってやってくれているようで、喜ばしい限りである。

「タダの代議士便」で女性議員に花を届けて消費拡大に貢献

その途中ではたと気がつき、ささやかながら自ら消費拡大に貢献することとした。上京の度に（大体花束で5人分、価格は1万円前後）持って帰り、旧知の女性議員に贈ることにしたのだ。私の事務所では昔から「タダの代議士便」と呼ばれている。トルコキキョウは鮮度を保つためプラスチックのバケツが付いていた。それは当然取り除いたが、背丈があり横にできず、重くて腕が引きちぎられそうだった。中身約5000円の花の輸送費は約6000円、と本体より高くなっているものもあった。つまり花こそ地産地消すべき代表的なものなのだ。

悲しいことに、女性議員はそれほど多くいないので9月末までその時々の花を5回運び、長野県の花リンドウを最後にほぼ全女性議員に届け終わった。ただ私の上京・議員会館滞在と時間の合わなかった数人の重鎮には届けずじまいなのが気がかりである。

花は「不要不急」の代表か？

私は1978年、2年間のアメリカ留学から戻ると農水省農蚕園芸局総務課に配属されたが、その時に果樹課が「果樹花き課」という名前に丁度変わったところで、「胃の糧（かて）は食料、心の糧に花」のスローガンの下、1兆円産業を目指すことにしていた。つまり国民の生命を守るために絶対不可欠の食料と比べると、花は今風に言えば典型的な「不要不急」のものであり、それまで農政の対象としても軽視され続けていたのである。今は幸いにして「花きの振興に関する法律」もできて、農家収入を確保するための有用な作物として振興対象になっている。

切り花の輸入割合は26％

花の生産額は多いほうから、菊の625億円を筆頭に、2位は大臣就任祝い等の時に山と届けられる胡蝶蘭に代表される洋ラン（314億円）、そしてユリ、バラが続く。

個人消費は国内消費で約1・1兆円に達しているが6割近くが流通・販売コストであり、花きの生産額は約3分の1の3687億円と、農業総生産額9兆2742億円の僅か4％に過ぎない。

県別では愛知、千葉、福岡等の都市近郊の暖かい県が主要産地であり、花きが農業生産額全体の2割近くを占めている県もある。

政府は、農産物の輸出を5年後に5兆円ととんでもない過大な目標を掲げているが、実態はかけ離れている。花輸出は138億円（うち植木、盆栽が120億円と大半を占める）、切り花は僅か9億円。それに対して輸入は切り花が大半で、輸出の約50倍の511億円である。花全体では国内生産9割、輸入約1割であるが、高価な切り花類の輸入割合は数量ベースで26％を占め、カーネーション、バラ、キク類の輸入割合が高い。輸入の主な相手先は、コロンビア、マレーシア、中国そしてアフリカのケニアにまで及んでいる。

今は飛行機が飛ばず花の輸入が止まり、価格は前年を上回る

最近は切り花の輸入割合が増えており、例えばカーネーションでいうと2007年は国産が66％だったのが、10年後の2017年には輸入ものと国産ものが逆転し、輸入が6割になってしまっている。つまり他の農産物と同じく輸入ものに相当押されているのである。

ただ、3、4月は暖地の花は需要を失い大ピンチに陥ったが、寒地の長野の花が本格的に出回る5、6月頃から花の価格はそれほど下がらず、むしろ前年比で上回るケースもあるという。その理由は前述の通り、その頃には輸入が4分の1を占める切り花が、国境を閉められ、飛行機が飛ばなくなったために止まっているからだ。コロンビアの花の4割、ケニアのバラの7割は空輸

されているのだ。1ケ月程かかる船便もコールドチェーン（低温流通体系）により鮮度を保つため膨大なエネルギーコストがかかっている。いずれにしろ、地球環境上問題のあることなのだ。

私は食料・農業問題を考えるうちに、「地産地消・旬産旬消」こそ基本的概念（golden rule）だと思い、使い出した。これが工業製品にも再生可能エネルギーにも、そして更には政治家にも当てはまることが分かってきたが、ドンピシャ当てはまるのが実は花だったのである。

グレタさんは花の空輸を許さない

グレタ・トゥーンベリさんは去年（2019年）の秋、国連総会に招かれた時もスウェーデンからソーラーパネル付きのヨットでニューヨークに行っている。ジェット燃料で空気を汚す飛行機はなるべく使わないようにしているのだ。それから数ケ月、航空業界は、コロナ禍で飛行機を飛ばせなくなり軒並み経営難に陥っている。地球環境に悪いことは控えるべきという彼女の価値観からすると、発展途上国から空輸で花を輸入するというのは許されることではない。

カーネーションの輸入の7割を占めるコロンビアは、年間を通じてほぼ一定の気温で、加温施設等一切不要であり花の適地である。ケシの産地で麻薬の巣窟となっていたが、アメリカ等先進国が技術援助し、花の一大生産国となった。それがまた元に戻るのは困るが、だからといって空輸されて日本に輸出されてくるなどということは、地球環境を考えたら控えなければならないことである。

日本は最近（２０２０年）やっと１０００人の入国を許可すると言っているが、雀の涙である。となると旅客機は殆ど使われないということになる。そうした中で活路を見出そうとしているのが、貨物輸送である。そこで何が運ばれてくるかというと、生鮮物つまり花であり高級野菜である。

高価な花は空輸され、安い添え花は日本産と、他の農産物の逆をいく

野菜や果物にしても牛肉にしても、日本の農家が工夫を凝らし芸術品のような立派な果物や神戸ビーフのようなブランドを作り出している。しかし花業界は違っている。生け花で言ってみればメインになるような高級な花は、コスト的にも空輸に耐えられる。それに対して、カスミソウ、ヒペリカム等、生け花の世界でいう「添え花」はかさばって、空輸コストに見合わないので日本の農家が作ることになる。つまり、低価格で儲けの少ないものが日本で作られているのだ。

コロナ対策に気候変動対策も加味して空輸する花に高関税を

ヨーロッパ諸国はコロナ対策で産業構造が変わるということを見通しており、フランス政府はエールフランス、ＫＬＭオランダ航空に援助する条件として、２０２４年までにCO_2の排出を半減すること、列車で2時間半以内に行ける路線はすべて廃止すること等、気候変動対策を加味した対策を講じている。それに対して我が国のコロナ対策はGo to トラベルやイートとひたすら経済の振興ばかりで、環境への配慮はひとかけらもない。主要先進国と比べ恥ずべきことだ。

コロナ禍で翻弄される花業界の窮状を救うとともに、地球環境に優しい生き方に転換していくためには花の空輸については高関税を課すなど、新しい発想が必要である。

保護主義がなぜ悪いか

（2010・1・4、長野経済新聞2010年1月5日）

地方疲弊の3大原因

日本の地方が疲弊し切っている。これは誰の目から見ても明らかである。地方へのバックアップにはいろいろな手法があると思うが、鳴り物入りでスタートした「ふるさと納税」も善意に頼る仕組みであり、ほとんど効果を挙げていない。それでは一体どのような政策手法があるのだろうか。

私は、日本の地方の疲弊の原因として、

①自明のことであるけれども第一次産業が疲弊したこと

②一時期頼っていた落下傘工場が外国に出て行ってしまったこと

③大型郊外スーパー、レストランチェーンができてしまったことが挙げられると思っている。つまり、自由化、規制緩和の行き過ぎが日本の地方を疲弊させたということだ。

自由貿易は絶対的善にあらず

これについて、前から注目していたが、フランス人の人類学者エマニュエル・トッドが本に書いている。人口統計に表れた乳児死亡率の高さから1976年の昔にソ連の崩壊を予言し、最近では金融崩壊にも警鐘を鳴らしていた。世の中には先の見える人がいるのである。

結論は、自由貿易よりもむしろ保護主義のほうが貿易であっても拡大し、経済の活性化に繋がっており、規制緩和なり自由貿易がすべて善だというのは間違いだというのだ。私は実感としてこのことを常々考えており、二十数年前の産経新聞社の「正論」という雑誌に「自由貿易は絶対的善にあらず」という小論を寄せたことがある。私の主張は農産物の自由化を阻止せんがための遠吠えのように聞こえたのか、あまり皆さんには聞き入れてもらえなかった。

過度の自由化がリーマンショックの原因

しかし、金融の過度の自由化、規制緩和がリーマンブラザーズの破綻を招き、金融システムの崩壊が世界経済を直撃した。そして貿易にも打撃を与え、世界を不景気に落とし入れてしまった。

今や政府が介入したり、バックアップしなければ持たない企業や産業界が増えているのだ。典型的な例がアメリカの自動車会社である。

ビッグスリーが、よもや政府の援助なしでは潰れてしまう事態がくるとは予想できなかったのではなかろうか。

日本の農村風景を変えた農産物自由化

日本の今の現状を見るにつけても、日本の農村を疲弊させたのは、1にも2にも外国からの農産物の輸入だったと思う。現にかつて作っていた菜の花は消え、田んぼの畔に作っていた大豆も消え、小麦も昔ほど作っていない。長野は降雨量が700㎜と少なく、水はけもいいので小麦に向いており、お焼きやうどんやそばといった麵類の消費が今でも日本一であり、その原因は小麦がよくできたからだ。

詳述はしないが、EU（欧州連合）はかつて捨てたヒマワリ・菜種・大豆のいわゆる「油糧種子」を保護して見事に復活させている。民主党は、私が中心となり日本でも戸別所得補償により、これらの土地利用型作物を復活させようとしている。

保護主義による貿易拡大

自由化や規制緩和は経済を活性化させるための手段であったが、いつの間にか目的化してしまって、何でも自由化し規制緩和しなければいけないという風になってしまったのではないかと思う。

トッドいわく（私の解説も入るが）、農業を保護し、日本でそれなりのものを作れるようにしておき、農家がちゃんとやっていけるようになっていれば、農家もいろいろなものを買う購買力が増す。従って、その買うものの中に外国からの輸入品も含まれるのでかえって貿易は拡大するというものである。これが本当であるかどうかは実証してみる必要があるが、これだけ地方が疲弊してしまっては、トッドの考え方にひかれるのは無理はないのではないか。

大店法改正がシャッター通りの原因

大型店舗とシャッター通りとの関係も図星である。

１９９０年頃、私は農水省の対外調整室長として日米構造協議を直接担当した。その時にリン・ウイリアムズ通商代表が盛んに、大規模店舗法によるスーパー進出の規制を緩和するように主張した。日本はそれを受け入れて、日本中の郊外に田畑をつぶしてスーパー、コンビニがはびこり出した。これにより瞬く間に地方の商店街が疲弊していった。

これに対しフランスは頑として地域の商店を守る政策を堅持し、小さな店がパリでもどこでも残っている。フランスの規制があまりにも厳しいので、フランスのスーパー、カルフールは自由な日本にも進出したが、業績不振で２０１０年には撤退した。

農産物自由化をやめ、大規模店舗を規制すべし

過度の自由化をし規制緩和をして、社会全体がガタガタになってしまっては元も子もない。私は日本の地方を活性化するには、思い切って過度な農産物の自由化をやめ、国内で作れるものはなるべく国内で作るようなシステムに変え、かつ、かつてのように商店街が生き残れるように、郊外の大規模店舗を規制するのが一番近道ではないかと思う。しかし、残念ながら、相変わらず工場誘致とか、大規模店舗の進出等に血眼になっている地方自治体が多いのにはがっくりさせられる。

大胆な政策転換が必要なのは、国だけではなく地方も同じなのだ。

日本の再生は向都離村でなく向村離都にあり

（２００８・７・７）

異様な都市への人口集中

明治以降、日本は向都離村（都に向かって、村を離れる）状況がずっと続いた。江戸時代の静止人口３０００万人のうち、当時でも世界一の大都市江戸には１００万人が八百八町に住んでいた。それでも全人口のわずか30分の１である。

それに対し、今（２００８年）、日本の総人口１億２６００万人のうち、１３００万人、10分の１が東京都に住み、千葉、埼玉、神奈川の周辺の衛星都市を含めると、約３８００万人、４分の１以上が首都圏に住んでいる。異様な一極集中である。先進国でこれだけ異様な都市集中をしている国はない。

人口調整弁の役割を果たしてきた農山漁村

これは明治以降、特に戦後の日本の産業構造の転換のたまものである。特に高度経済成長期は外需依存が高まり、輸出型産業が幅を利かす太平洋ベルト地帯へ人口が大移動し、日本海側、あるいは農山漁村はいずれも急激に過疎が進行した。それより前に日本の田舎は兵隊の供給源になり、戦後は金の卵とやらで工場労働者の供給源となった。ただ、戦争中、あるいは戦争後に二度農村が都市部の人を受け入れたことがある。一つは学童疎開であり、もう一つは戦後の引揚者700万人の大半が田舎に住み着いたことである。

まさに人口調整弁として機能したのである。

二度目の高度成長はなし

今、アメリカのサブプライムローン問題に端を発する世界的同時不況で、輸出産業も大打撃を受けている。急激な円高のため、輸出がままならず、世界のソニーも正規社員8000人を含む、1万6000人を解雇しなければならないといわれており、トヨタも赤字転落している。そして派遣切りとやらで、失業者が大量に出ている。つまり、人口が急激に増えた太平洋ベルト地帯で人余りになってきているのだ。

雇用調整助成金を増やせとか、非正規社員を正規社員にするとかいろいろな対策が講じられているが、私はこのような弥縫策では本来の解決にはならないと思っている。そもそも何度も言ってきたけれども、日本が世界から輸入し世界に輸出しまくる時代はとっくに過ぎているのであり、もっと内需中心の穏やかな国に変えていかなければいけなかったのである。21世紀は何かにつけ循環社会にしていかなければならないのだ。

人が足りない農山漁村・シャッター通り

人手が不足しているのはどこか考えたら、究極の解決は何か簡単に答えが出てくる。人手不足なのは一に農山漁村であり、二に地方のシャッター通りとなった商店街である。農山漁村は工業優先、都市優先で、生活できなくなりお年寄りしかいなくなっており、商店街も大店舗に押され後継者難は農家よりもひどい。10年もすればズタズタになってしまうのは目に見えている。

農山漁村は今や瀕死の状態であり、山村に至ってはもう死にかかっていると言ってもよい。この5年、10年で昭和一桁生まれの農業者も従事できなくなると、遊休農地も39万haどころでは済まなくなる。農山漁村は人手が必要なのである。一番単純な解決策は、まずそこに生まれて育ち、出てしまった人たちに戻ってもらうことである。

生まれ故郷に戻る

例えば最近、医者不足の田舎で生まれて育って都会でお医者になっている人たちに、地元の両親、あるいは友人知人のつてを辿って、地元に戻ってきてくれないかというアプローチが行われている。これは足りなくなったお医者に故郷へ戻ってもらう工夫であるが、これを農家にも当てはめればいいということである。

直接所得補償で維持するふるさと

ただし、引く手あまたの医者と異なり、農家は生活が成り立たないからすぐというわけにはいかない。それではそれを食べていけるようにするにはどうすればいいか。所得補償である。

両親が住んでいる家があるが耕す人はいない。例えば、意を決して40歳代のカップルが二人の子供をつれて故郷に戻るといった場合、10年間２００万円の直接所得補償を約束したら一つのインセンティブになるのではないかと思う。

今（２００８年）、定額給付金で２兆円が使われようとしているが、それについては国民の80％が反対している。やれ福祉だ、やれ中小企業対策だ、やれ医療だといろいろ他に使えという声がある。しかし、定額給付金の考え方に近いものでいえば、農山漁村に戻ってくる人たちにこそセーフティネットというべき最低限の所得補償をすることが考えられるのではないかと思う。

こうして、向都離村に代わって、21世紀は向村離都（村に向かって都を離れる）の人口移動があってもしかるべきでないかと思う。こういうことを政策として大胆に後押しするのである。これが政策である。生まれ育ったこともない都会へ送り出すより、命を落とすかもしれない戦地に送り出すよりも、生まれたところに戻るのはずっと簡単なことである。

意外な地域おこし協力隊支援

こうしたことを政府首脳で考えている人はいないだろうなと諦めていたら、変わったところからこれに近い考え方が出てきた。当時の鳩山邦夫総務大臣が昔から蝶が好きでエコロジスト、ナチュラリストと称しているけれども、農山漁村に恩返しをするために、地域創造プランというのをつくったと新聞で報道された。数百人の地域おこし協力隊を創設し、都市の若い者を報酬付きで農山漁村に派遣して、農林漁業や地域活性化に従事させるというプランである。

一石五鳥のバラ色プラン

数百人では足りないし、その土地に馴染みのない人たちがいきなり行ってもそう簡単にはいくまい。それよりもまずはそこの土地で生まれ育ったけれどもとても農業では食べていけず、やむをえず都会に出てきた人たちに声をかけ、故郷に戻ってもらうのが一番手っ取り早い方法である。つまり、ソフトランディングである。田舎のおじいちゃんおばあちゃんも喜ぶし、小学校も廃校にならずに済む。２００万円の直接支払いがその田舎で使われるということで、地域経済の活性化に繋がることは確実であり、この政策を民主党が政権をとったら私が声を大にし大々的に進めたいと思っている。

今生きる農的小日本主義の思想

（2015・11・4）

懐かしの京大キャンパス

この秋、久方ぶりに母校京都大学のキャンパスを訪れた。私の学生時代は、中国の漢字（簡略体）の立て看板があちこちにあり、建物にもペンキでスローガンが掲げられていた。私はというと先輩からただで譲り受けた愛車（といっても古自転車）に乗り、大学のちょっと北にある上終町（かみはてちょう）の3畳の下宿を往復していた。

四十数年前と比べ、自転車は皆新品ばかりで、前輪を固定する自転車置き場に整然と並んでいた。図書館の前には昔と同じように学生が群がっていたが、月日の流れを感じてじ～んと来るものがあった。

京都ならではの縮小社会研究会

しかし、私は感慨に浸っているわけにはいかなかった。丸一日かけて作成したレジメ（「環的中日本主義の勧め」）をもとに、「縮小社会研究会」で1時間講演をしなければならなかったからだ。「縮小社会」などと言えば、それこそしみったれており通常は相手にされない。特に威勢のいいことばかりを並べ立てなければならない政治家にはとても受け入れられまい。そういう点、首都東京の喧騒から離れた京大だからこそ、まじめになって「縮小」について語り合えるのだろう。この研究会は全国的には知られていないが、２００８年に松久寛京大名誉教授（振動工学）を代表に京大の博士（教授）の皆さんが中心となって結成したグループであり、それ以来地道に研究会を重ねてきている。先輩格のグループに「エントロピー学会」がある。名称は異なるが、目指すべき理想社会は全く同じである。

農的小日本主義と縮小社会の類似性

世間はまだ経済成長の夢を捨てきれずにいるが、資源は枯渇に近づきつつある上に環境上の制約もあり、成長路線を突っ走ることはできなくなっている。市場拡大の余地も発展途上国に少し残されているが、それぞれに国が自ら必要なものを作り出している。日本がいつまでも加工貿易立国を続けられるはずはなく、低成長は当然のこととして、縮小も視野に入れて将来設計をしていかなければならない、というものである。詳しくは『縮小社会への道』（松久寛）をお読みいただきたい。

ところが、こうした考えで本をまとめたのは私のほうがずっと先であり、１９８５年『農的小日本主義の勧め』を上梓している。大体大学教授のほうが先を読める。政治家などは、所詮その場の課題に汲々としている。それを自分たちと同じことを二十数年前に思い付き、本まで書いていることにビックリして、今回、同好の士ということで、私にお呼びがかかった次第である。

世界の先達の警鐘

こうした考えは、世界ではケネス・ボールディングの『来たるべき宇宙船地球号の経済学』（1966）に始まり、『成長の限界』（ローマクラブ）（1972）、『Small is beautiful（人間復興の経済）』（フリードリッヒ・シューマッハー、1973）、『沈黙の春』（レイチェル・カーソン、1974）、『ソフト・エネルギー・パス』（エイモリー・ロビンズ、1979）、『エントロピーの法則』（ジェレミー・リフキン、1980）、『西暦2000年の地球』（アメリカ国務省、1980）と続いた。私も何となく世界がこのまま進んでいいのだろうかと漠然と考え始めていた。そして、これらの書物により、まんざら間違っていなかったと一安心した。

気づいた日本の見識ある人々

日本でいうと、『自動車の社会的費用』（宇沢弘文、1974）、『エネルギーとエントロピーの経済学』『水土の経済学』（室田武、1979・1982）、『人間復興の経済学』（小島慶三、1981）、『資源物理学入門』（槌田敦、1981）、『生命系のエコノミー』（玉野井芳郎、

1982）、『破滅にいたる工業的くらし』『未来へつなぐ農的くらし』『共生の時代』（槌田劭、1981～83）が同じ考えにより書かれている。今でこそ多少現実味をもって受け入れられるが、高度経済成長のまっただ中の1980年代では、とてもまともに相手にされなかった。

近年では、さすが感性の豊かな日本の若手も同様の主張をし始めた。広井良典『定常型社会』（2001）、水野和夫『資本主義の終焉と歴史の危機』（2014）、藻谷浩介『里山資本主義』（2015）といった人たちである。

1時間の講演の内容をここに再現するには紙数が足らない。そこで私のレジメのエキスをなぞる形で紹介するので、我々の考え方を読み取っていただきたい。

食の世界の縮小社会化

世界各地で農場と食卓の距離を短くする方向に動き始めている。TPP（環太平洋パートナーシップ協定）の下、日本の農産物を輸出すればよい、などとトンチンカンなことが言われているが、縮小社会では食料の貿易量は減らさなければならない。

①スローフードは、1986年イタリア北部の小さな町ブラに始まる。ファストフードに対抗したもので、世界中に広まっていった。

②身土不二（しんどふじ）（仏教界では「しんどふに」と読む）は、そもそも仏教で別の使われ方をしていたが、日本で大正時代から「地元の旬の食品や伝統食が身体に良い」という意味で使われ始めた。この

考えが韓国に広がり、有機農業の標語として開花する。

③英語を話せるインテリのフランス農民ジョゼ・ボベは、マクドナルドを「多国籍企業による文化破壊の象徴」に見立てて、中部の小村ミヨーに建設中だった店舗を破壊した。以後、反グローバリズムの旗手と評されることになる。

④1994年、イギリスの消費者運動家の旗手ティム・ラング教授がフードマイルを短くすることを提唱し出した。私が農林水産政策研究所所長時代に「フードマイレージ」（重量×距離：tkm：トンキロメートル）として発展させた。

⑤地産地消、旬産旬消（Produce Locally,Consume Locally：Produce Seasonally, Consume Seasonally）は、私が地のもの旬のものを食べるとよいということを四字熟語にしただけのことである。今は世界に広まっている。

この延長線上でWood Mileage, Goods Mileage（韻を踏んでいる）も使い始め、環境の世紀には物の移動すなわち貿易量もなるべく少なくしたほうがよいという論拠にしている。これは自由貿易こそ世界の基本ルールと考える人には、狂った考えとしか映らないであろう。

地産地消は縮小社会の理想を具現化

①農政：地域自給率が向上し、不耕作地（耕作放棄地）の有効活用ができる。
②消費者：顔が見える範囲で安心、トレーサビリティ（追跡可能性）が確保される。

③生産者：食べる人の顔が見えることは何よりの励み、高齢者の生きがいとなる。もちろん小遣い稼ぎにもなる。
④環境：フードマイレージはゼロに近い。
⑤地域経済：地域通貨（エコマネー）なども要らない。
⑥地域社会：食が結ぶ連帯感が醸成される。食と農の世界で縮小社会にピタリのものとなる。

江戸時代は宇宙船地球号の考え方を実現していた

縮小社会の根幹は既に江戸時代に見られた。江戸末期から明治にかけて日本に来た外国人（ペリー、ハリス、イザベラ・バード、モース、オルコック等）の多くが紀行文なり日記に、江戸期の日本のすばらしさを記している。それを渡辺京二が『逝きし世の面影』という名著で紹介しているが、現在と比較列記してみるといかに日本が変わってしまったかが見えてくる。
①皆が幸せそうで笑顔であったが、皆しかめ面になってしまった。
②子供を大切にしていたが、育児放棄や児童虐待の報道が絶えなくなる。
③あまり働かなかったが、形式上はワーカーホリックに陥ってしまった。
④お祭り好きは同じだが、大きな祭りだけが残り、町や村の祭りは消えつつある。
⑤街や村は今もきれいだが、一昔前はもっときれいだったと思う。特に中山間地は、今は空き家と耕作放棄地だらけになってしまった。

⑥金持ちの生活も簡素だったが、今はどの家庭も部屋に物があふれている。
⑦余裕があり文化は贅沢だったが、今は経済優先、余裕がなくなりケチり始めている。
⑧何事も器用だったが、だんだん失われつつある。
⑨犯罪がなく安全な生活も、危険度が増す傾向がある。
⑩人口は安定（中期以降3000万人）していたが、明治以降急激に増え、今は減少期に入っている。

それから150年余り、日本はうまく西洋方式を取り入れて今日に至っている。しかし、当時開国を迫り自分たちの方式を押し付けんとした外交官たちの大半は、本音はこのおとぎのような国、日本に変わってほしくないと願っていたのであろう。

それを今、日本はTPP（環太平洋パートナーシップ協定）で日本の仕組みをかなぐり捨てて、日本的なるものをすべて失おうとしているのだ。愚かとしか言いようがない。

日本は「分」をわきまえて生きるのが賢明

成長主義という宗教に陥った人たちには、縮小とか小日本とかはとても受け入れられないのはよく分かる。しかし、軍事大国主義も経済大国主義も小国日本には分不相応であり、必ず破綻する。それを安倍政権は安保法制とやらで、また軍事的拡大路線を取り戻そうとしている。公約の2％物価上昇も実現できないのに、アベノミクスはとうとうGDP600兆円というでたらめな目標を掲げ出した。東京電力福島第一原発事故後もまだ昔の夢を追っているのだ。

一方で、東芝やフォルクスワーゲンに見られる通り、利益主義も破綻し出した。もう成長や拡大の果ての破滅を救う道は、縮小しか残されていないかもしれない。縮小研究会は大胆にも持続社会（ゼロ成長）をも一斉に飛び越して、マイナス成長（縮小社会）を目指している。誰もがこのままでは危うい と薄々気付きながら、まともに考えるのを避けてきたのである。

余計な物はつくるなと財界人に言っても拒否するだろう。余計な物を買ったり使ったりするなと言っても、消費者はキョトンとするばかりである。

そこで私は「環的中日本主義」なる造語で中庸を得た生き方を説明しようと思って、このタイトルの講演をした。どこまで分かっていただいたか分からないが、同じ価値観を持つ人が徐々に増えていることは実感できた。

限界集落が崩壊集落、限界市町村が崩壊市町村になる

（2013・8・20）

政治家としての最初の訪問地、限界集落

日本では、長野大学の大野教授が、集落の半分以上が65歳以上となり集落として機能が果たせなくなった集落を「限界集落」と名付け、中山間地域や離島等僻地・過疎地の問題を提起した。私は国会議員になるとすぐ農林水産行政のカネ不足が原因の一つとなったことへの贖罪意識もあり、まず、山村の限界集落から支持者訪問を始めた。政治の助けを最も必要としている地域であり、私にできることを探すためであった。

もっとひどい崩壊集落

長野県栄村を訪問中、古老からお叱りを受けた。「どんな大教授か知らないが、限界集落なんて人をバカにした名前をつけやがって。だけど、篠原さん、この辺りは限界集落なんてもんじゃねえで。俺みたい年寄りばっかりで、もうどうしようもない崩壊集落だぜ」。怒りとも諦めとも

つかない言葉に、私はただ苦笑いをするしかなかった。そして、思わず何ということか涙がこみ上げてきた。最盛期７５００人あった人口が今や２５００人弱と3分の1以下に減ってしまった。大雪に地震、そして柏崎刈羽原発への不安、難問ばかりの地域である。

丸太関税ゼロ（１９５１）、製材関税ゼロ（１９６４）で山村過疎化が広まる

２０１３年、民主党の経済連携ＰＴ（プロジェクトチーム）で木材関係の関税ゼロが中山間地域の限界集落化の原因であることを指摘した。そして、その詳細を拙著『ＴＰＰはいらない！』にまとめた。林業・山村の転落振りを概観すると次のようになる。

１９５１年、ＧＨＱの駆け込み自由化（？）で丸太の関税はゼロとなった。政府は不燃建造物にするため公官庁はコンクリートにせよと奨励していた。5年後の１９５５年、丸太の生産量は４２７９万㎥、輸入量は１９７万㎥に過ぎず、杉中丸太の価格は８２００円／㎥、自給率は95・6％とほぼ自給していた。

１９６４年、戦後の復興も進み、住宅需要が増大したものの、戦中に切り出し戦後慌てて植林した山は伐採期にはほど遠く、やむなく輸入木材への外貨割当を廃止し製材も関税ゼロとなり、ほぼ自由化が完了した。丸太の生産量５０６８万㎥、輸入は8倍の１５７０万㎥に増えたが、自給率はまだ76・3％、杉中丸太価格も1万４０００円だった。

脱兎のごとく押し寄せた関税ゼロの丸太・木材製品

その後、全木材の輸入量は一気に増え、80年には7525万㎥と国内生産量3696万㎥の2倍となった。しかし、好景気に支えられ新規住宅着工件数は伸び続け、杉中丸太価格は3万8700円とはね上がり、一時だけ山林がにぎわったかのように見えた。その後自給率は31・7%に低下した。

卵よりも米よりもひどい丸太価格の下落

その後も外材の輸入は増え続けたが、21世紀になると景気の後退もあり住宅の新規着工件数も減ってきた。その間に杉中丸太価格も下がり続け、2010年には1万2600円と1980年の3分の1以下で1960年の水準に戻ってしまった。自給率も26%に下がった。よく米1俵60kgと1ケ月の給料と同じだったとか比較されるが、多分、何十年も前の価格と比較した場合、丸太価格が最も低いのではないか。これで、林業は殆どやっていけなくなった。

関税ゼロの恐ろしさは、他に代替する作物もなく、木材価格の値下がりをただ指をくわえて見ているしかなかった山村が最もよく知っている。

日本で消える集落、アメリカで荒廃する都市

炭鉱が閉鎖され財政が破綻した北海道夕張市の前に、日本の山村の集落は次々とひそかに息を引き取っていた。その数は1970年から2000年の間でも7536に及び、21世紀になってからは廃村が更に加速化していると思われる。

TPPに加盟して、農産物の関税がゼロになると、平地農村が崩壊し、地方の市町村が限界市町村となり、デトロイト化していくことは目に見えている。そしてひょっとすると都市こそ高齢化の波が一気に押しよせ、日本の中小都市の至るところに限界団地が増えてくる可能性がある。

日本の山々は手入れもされず放置され、収入の途を閉ざされた。山村は生計を立てられなくなり、若者が山を去り、子供の泣き声が聞こえないところばかりになった。今、日本全国に波及した少子高齢化は、中山間地域では何十年も前から始まっており、私はこれが日本全体の将来の姿だと警鐘を鳴らし続けた。しかし、高度経済成長に躍る都会側は耳を傾けようとしなかった。

私は拙著で、農産物の関税をゼロにしたら、日本中の地方都市は限界市町村になってしまうと警鐘を鳴らした。しかし、同じく都会、そして経済ばかりに目を向ける人たちには届いていない。

今日のデトロイトは明日の日本の中小都市

こうした中、アメリカでは破綻市町村が生まれ、とうとうデトロイトもその仲間入りしてしまった。日本の北海道夕張市と同じようであり限界市町村や崩壊市町村とも同じである。日本はアメリカと異なり地方交付税や自治体健全化法があるからそれはないと言う人もおろうが、近い将来、日本でもあちこちの地方の市町村がデトロイトと同じ日に遭うことを示唆している。

デトロイトは80年代の日米通商摩擦の象徴

デトロイトは、日本風に言えば、典型的企業城下町である。しかもアメリカの強さを象徴する自動車の町である。フォード（1930年）、GM（ゼネラルモーターズ、1908年）、クライスラー（1925年）のビッグスリーが次々にデトロイトで創業し、1950年代には全米で最も賃金が高くあこがれの的だった。

ところが、1970年代以降、日本車に押され、安い賃金を求めて工場が米南部、カナダ、メキシコへと移転していった。1980年代後半、日米通商摩擦のまっただ中で、日本製乗用車をハンマーで叩き壊す映像が日本で何度も放映された。アメリカは、なにより自由競争を呪文のように唱える国である。その結果が2009年のGM、クライスラーの経営破綻である。政府のテコ入れによりやっと立ち直ったが、今度は市財政の破綻である。地方自治体にも容赦ない市場原理の適用である。ネオ・リベラリズム（新自由主義）の見事な成果なのだろうか。

都市の荒廃は廃村より悲惨

人口は1950代の180万人から4割以下の70万人に減少、失業率は18・6％、殺人事件数は人口10倍のニューヨーク市と同数、廃墟ビル・住宅が7万8000棟、そして市のたまった負債総額は180億ドル（約1兆8000億円）である。

「盛者必衰の理をあらわす。驕れる者久しからず」である。2008年にトヨタグループは自動車の販売台数で初の世界一になり、ビッグスリーを超えた。平家は源氏に滅ぼされたが、デトロイトはトヨタに滅ぼされた。しかし、そのトヨタの盛者の期間（天下）も何十年で終わるであろう。工業都市の繁栄は100年と続かないことを示している。帝国データバンクによると日本でも100年続く企業は3％もないという。もういい加減にこのことに気付いていいはずである。

グッズマイレージは少なく

世界の国々は、その国の国民が必要とする物は、なるべく自国でつくるのが自然なのだ。物の移動によるCO_2の無駄な排出を抑えるためにもグッズマイレージ（物の移動距離×トン数）は小さいほうが環境に優しいし、アメリカも何よりも安定した生活が送れる。デトロイトのように半世紀で人口が半分以下になったりする急激な変化は、人々を不幸にするだけである。

自動車でいえば、アメリカを走る車はアメリカで造るのが一番効率がよく、日本から持っていくこともないし、日本車をわざわざアメリカで造る必要もない。みんなが仕事を分け合って生きればよいのだ。なぜこの単純なことができないのだろうか。

つまり人、物、金を世界でグルグル回しにするのではなく、なるべく近くの地域間で循環するようにすべきなのだ。私はこのことを『農的小日本主義の勧め』と『農的循環社会への道』で訴え続けている。それを最も端的に示すのが、食べ物でいえば「地産地消」、「旬産旬消」であり、実はこのことはエネルギーについても当てはまるのだ。

地方の衰退をくい止める

日本を輸出産業にばかり偏った国にしてはならない。要はバランスのとれた産業構造、社会構造をした国や地域が持続性に優れており、強い国・地域なのだ。

賃金が安いからといって、あるいは市場があるからといって中国や東南アジアやインドへ工場など移してはならない。大都市ばかりを大きくしてはならず、地方も衰退させてはならない。多様性に富む国を政策で調整しなければならない。ただただ自由競争に任せていたら政府は要らないことになる。

拡大・成長を前提としない社会を目指す

（２０１６・１・３、長野経済新聞新年号）

拡大・成長を前提としない社会

自動車業界は年末（２０１５年）の税制改正の場で、消費税10％へ引き上げる時に自動車取得税の廃止を求めてきた。私は昨年初めて経済産業委員会に所属し、1年間議論している間に農政の世界と比べるとかなり違和感の多い理屈に出くわした。

例えば、自動車の月間販売台数が伸びず停滞していることが問題視され、減税して消費を刺激するべきであり、環境を理由とした増税などとんでもないというのがその一つだ。農政の世界では少子高齢化に伴う人口減と食生活の変化から、米の消費量が毎年8万ｔ減ることを当然のことと受け止め、あれこれ対策を講じている。

藻谷浩介の『デフレの正体』の指摘を待つまでもなく、我々は今や成長・拡大のない社会を前提として物事を考えていかないといけない時期に突入しているはずである。それにもかかわらず、自動車のような日本の主要産業は相変わらずかつての栄光を追い求めていることに驚かされた。

アメリカに要求されて軽自動車の増税が行われた。ＴＰＰで関税自主権を失って平気な日本は、今や徴税権もアメリカに奪われてしまっている。自動車業界の言う軽自動車は地方の「足」であり、必需品だという主張は正しい。

長野県は軽自動車の世帯当たり普及順位が全国第3位（1・02）、上位市町村にも川上村（1位、2・25）、南牧村（4位）、中川村（5位）と並ぶ。しからば、公共交通網が発達していて車の必要のない東京では、むしろ増税して車の消費を抑制する税制があってもいいはずである。ところが、まだ減税して車を売りつけんとしているのだ。これでは国の財政が立ち行かなくなるのは当然である。

我々は縮小社会に本格的に向き合っていかなければならない時を迎えている。

（2016・1・3、長野建設新聞新年号）

ミニマリスト、シンプリストの生き方

江戸時代末期から明治時代にかけて日本に来た欧米人たちは、東洋のなぞの国・日本をつぶさに観察し、多くの手記を残している。それらをまとめた名著『逝きし世の面影』には、今の日本ないし日本人とは真逆の印象が書かれている。例えばあまり働かない、祭りが多く楽しみ方を知っている、子供を社会全体で大切にするなどである。

今と違うものの一つに、欧米人が驚く簡素な生活スタイル、特に家屋に物が置かれていないことが挙げられる。大名屋敷でも豪商の家でも、多分床の間付きのお座敷に通されたのであろう。その簡素な美しさに感嘆するのである。

それから150年余、全く逆の生活スタイルが定着した。日本人ほど物に執着する国民はなく、部屋には電化製品から洋服まで、それこそ物があふれている。

こうした生活スタイルに疑問を感じ始めた人が多くいるのだろう。「断捨離」という言葉が人口に膾炙した。つまり、物を抱え込まずに思い切って捨てていかないといけないことが徐々に浸透していったのだ。その前に要らない物はつくらない、買わない、使わないことが必要なのだ。

その延長線上に、ミニマリスト、シンプリストがある。

本当に必要な物だけに限るという、新たな簡素な生活スタイルである。ある意味では最も合理的な生き方であり、違った意味では何もなかった昔の生活スタイルに戻ることでもある。不必要な消費を煽り、GDP（国内総生産）を上げるなどというのは全く邪道なのだ。

（2016・1・3　北信ローカル新年号）

身近な物で生き抜く

2015年末、長野市篠ノ井塩崎地区を訪問していたところ、フキノトウに出くわした。11月が異様に気温が高く、野菜が大豊作でハクサイ、ダイコンが大きく値下がりしたが、フキまで出てくるとは驚き以外の何物でもなかった。このまま地球温暖化が進めば世界の農業が変調を来たしてくることは間違いない。

COP21がパリで開催された。オバマも習近平も演説をしたが、さんざんCO_2を出して温暖化の原因をつくった先進国と、これから豊かにならなければならない発展途上国の溝は最後まで埋まらなかったようだ。しかし、地球温暖化対策は待ったなしで取り組まなければならない、世界共通の課題である。だからといって、原発というのは通用しない。再生可能エネルギーとか水素社会とかいろいろいわれているが、私は要は生活様式の改善以外に途はないと思っている。つまり、成長を諦め、便利さを追い求めず、足ることを知って生きることである。

必要最小限の物しか置かない、ミニマリスト、シンプリストという言葉が出回り出した。日本人が一番いろいろな物を抱えて生きていることが知られているが、それを削ぎ落とそうという動きである。人は身の回りで何でも調達して生き抜くようにするのが一番自然なのではないか。つまり、食の世界では地の物、旬の物を食べて生きることをもう一度思い出す必要がある。これが異常気象に立ち向かう一つの方法ではなかろうか。

2章

誰がための食料、農政・農業か

新自由主義が跋扈した安倍政権では農業予算は削られっぱなし。農協も農業委員会もいじくり回された。農民のためにならず、このままでは国民も痛い目に遭うことは間違いない。農業は効率だけを追ってはならない。

ウクライナ侵攻で混乱する世界の食料情勢

（2022・5・17）

私はウクライナに3度も行っている。1回目（1984年）は農水省時代、2回目（2005年）、3回目（2011年）は国会議員になってからなので、これまでブログでも報告しているが、1回目は、拙著『原発廃止で世代責任を果たす』で僅かに紹介しただけなので、そこから始めることにする。

瓢箪（ひょうたん）から駒のソ連出張

私は1984年頃、持続的生産を重視する日本型農業こそ、世界中が見本とすべき普遍的な農業生産システムと主張していたし、日本人移民がそれを実証している中南米か、今後の日本の農業技術を伝播したら役立つアフリカを出張先にしようと思い立った。そして国際協力課に赴き、技術援助の担当にくっついて行きたい、とお願いした。すると担当が、それならソ連との農業技術協力があり、今回は土壌関係の研究者が行く番だから、それにくっついて行ったらいい、とアドバイスしてくれた。鉄のカーテン時代であり、行政官の交流などなく、両国4人が2週間とか相互に同じ条件で往来が行われていた。

私は早速、農産課土壌班長の三輪叡太郎（後に農林水産技術会議事務局長で私がナンバーツーとして仕えることになった）に直談判したところ、「篠原さんは土壌にも関心があるから」と、二つ返事でOKしてくれた。アメリカの自然収奪的農業の土壌流亡の問題を指摘した「アメリカ農業の知られざる弱さ」という小論を読んでいてくれたからだ。こうして、筑波の研究所の土壌博士に紛れ込んで行くことになった。


基礎研究を重視するソ連は、二つの土壌博物館を持つ

その時に知ったことだが、ソ連が土壌の研究では世界一だという。その証拠に、モスクワにウィリアムス土壌博物館、レニングラード（現サンクトペテルブルグ）に近代土壌学の祖ドクチャーエフの名を付けた土壌博物館と二つの大きな土壌博物館があった。陽捷行（みなみかつゆき）団長（後に農業環境研究所長）以下4人の一行は当然そこに案内された。

驚いたことにドクチャーエフ博物館には、日本とベトナムの大きな土壌地図（どういう土壌かを色分けしたもの）があった。日本は1940年代ソ連が占領するかもしれなかったので作り、ベトナムは社会主義国の一員だったことから作ったのだという。それが、そのまま40年後も展示されていたのだ。何と恐ろしい国かとゾッとした。領土拡大に余念がない大国であることがこんなところにも表れていた。

ヒトラーも食指を動かした肥沃な大地・チェルノーゼム

キエフ（キーウ）には、土壌博物館はなかったが、大学の土壌研究室は、立派な陣容が揃っていた。研究者は欧州のパン籠(bread basket)と言われるウクライナの農業を支えているのは我々だ、という自信に満ちあふれていた。

しかし、その肥沃な大地なるが故に、歴史上の周辺の大国の領土的野心の対象とされてきた。最近でもヒトラーが食料の確保を目的にウクライナを侵攻した。

今、プーチン・ロシアのウクライナ侵攻は世上で言われているように、ロシアが一方的に悪いのではなく、NATO（北大西洋条約機構）の東方拡大が引き金を引いたとも言われている。ただ、ロシアに隠された領土的野心があるとしたら、ヒトラーと同じ魂胆があるのかもしれない。

ピント外れで極端な反応が目立つ平和国家日本

今、日本は、ロシアのウクライナ侵攻で、タカ派が大手を振って歩き始めている。憲法9条改正、敵基地攻（反）撃能力、核共有、防衛費GDP2％等威勢のいい話ばかりである。

どうも地に足がついていない。私は、よく言われる「平和ボケ」した日本人がウクライナ危機を契機に安全保障なり防衛に関心を持つのは好ましいことだと思っているが、どうも方向が極端なものばかりである。

食料自給率の低下こそ重大問題

現実はもっと違ったところで国家の存立や国民の命を危うくする事態が進んでいる。ウクライナの穀物輸出の停滞による、小麦や油の価格高騰であり、中近東やアフリカ等での食料不足である。戦地ウクライナでも食料不足となり、略奪も横行し始めている。

ロシアの正面切っての隣国侵略も予想されていなかったし、大半の人たちは、21世紀の今、大きな食料不足に陥るとは予想していなかったに違いない。しかし、戦争になるといつも庶民が苦しみ、真っ先に食料難になるのは今も昔も同じである。

アメリカのゴア副大統領（1993〜2001年）は安全保障の専門家であると同時に環境の専門家である。環境劣化が人間の命ばかりか地球の生命も危機に落とし入れる危険を承知しているからである。私が警鐘を鳴らしたいのは、国の安全は軍事だけではないということである。

我が国は、戦後高度経済成長の下、食料や農業などはほったらかして、経済大国にのし上がってきた。米を除き、安い食料などを外国から輸入すればよいという安直な方針を完璧なまでに貫いてきた。

その結果、カロリーベースの食料自給率は37％（2020年）に下がり、主要品目の自給率は、小麦15％、大豆21％、油脂類2・4％（菜種0・1％）と惨憺たる状況である。

ウクライナ危機に強まる食料の奪い合い

昨今の食料価格の上昇は、北米の干ばつによる不作と石油価格の高騰によるもので、ウクライナ危機以前から始まっている。小麦の貿易量は約6000万t、ロシアとウクライナでその3割を占め、黒海を経由して中近東、アフリカ諸国に輸出されている。それがままならなくなり、今後更なる世界の食料事情の悪化が見込まれている。日本ではそこに円安が加わり、輸入価格は更に高くなる。

こうした値上がりが、国民生活にじわりじわりと悪影響を与えつつある。

世界はG7の外相会合でロシアの『穀物封鎖』を問題視

日本は、まだ輸入する経済的余力があるからいいが、アフリカ等の発展途上国は、食料不足が顕在化してきている。世界有数の穀物輸出国ウクライナ南部の輸出港オデッサ（オデーサ）はロシア軍の攻撃に晒され、輸出が停滞している。FAO（国連食糧農業機関）やWFP（世界食糧計画）によると、2500万tが輸出できなくなっていることの一大要因である。

折しも2022年5月13日、ドイツで開幕したG7外相会合では、議長のベーアボック独外相が、ロシアによるウクライナ侵攻の影響で世界的な食料危機が迫りつつあるとして、会合で危機回避に向けた方策を話し合うとの考えを示している。同外相は、プーチンの狙いは、この食料危機を利用して世界を分断させることだとまで述べている。それに対して我が日本は、前述の通り政治の世界ではやたらとタカ派が舞い上がり、国民はガソリンや食料品の値上がりといった身近な問題だけに汲々としている。世界の食料が危機的状況になりつつあることに関心が向いていない。

日本は食料安保にノー天気

ここで気付いてほしいことがある。農業問題・食料問題こそ、防衛問題であり安全保障問題なのだ。それを日本の高度技術が中国等に流出するのを防がないとならないと経済安全保障法を作り悦に入っている。ピントがずれているとしか言いようがない。

かつて日本には食料・農業問題が安全保障問題だと分かった政治家が多くいた。中川一郎（農水相）、渡辺美智雄（農水相）、玉沢徳一郎（農水相、防衛庁長官）、江藤隆美、浜田幸一ら皆農林族兼防衛族であった。石原慎太郎も入っていたタカ派の青嵐会は大半が農林族でもあった。

今やその系統は、自民党では農水相と防衛相を歴任している石破茂にその片鱗を見るだけで、野党では不肖ながら私ぐらいである。

日本人はなかなか先を読むのが苦手である。しかし、一度気が付くと大転換できる底力も備えている。そういう意味では、今回食料問題で日本人が少し痛い目に遭い、それを転機に食料安全保障もきちんと政治の中心に置いてほしいと願っている。

ＷＦＰのノーベル平和賞受賞は食料安保の重要性を示唆

（２０２０・10・29）

今年（２０２０年）平和賞には３１８もの個人団体が推薦されていた。ＳＤＧｓ（持続可能な開発目標）では17の目標のうち、貧困対策に次いで2番目の目標に30年までに飢餓ゼロを設けている。そうした中で、２０２０年にはＷＦＰ（世界食糧計画）がノーベル平和賞を受賞した。歓迎すべきことであり、日本もこうした問題にある程度関心を持っていくきっかけになればいいと思っている。

世界に普遍性がある日本型農業

農林水産省に入ってから2年間（１９７６〜8年）のアメリカ留学の機会を得、中西部の大規模農業を実体験し、いろいろ考えさせられた。

世の大半の人々は、アメリカ型の大規模農業こそ世界の見本となる農業だと勘違いしている。私は、アメリカの持続性がない環境破壊的農業には疑問を感じ、むしろ自然と調和した日本型農業のほうが世界に普遍性があるという確信を持つに至った。そしてこれを世界に広め飢餓から救う国際協力に貢献したいと考えるようになった。

スペイン語を学び中南米でも働けるように準備

その対象の一つが中南米である。既に多くの日本人移民がブラジルの野菜や果物あるいはジュートなどについても、きめ細やかな栽培方法により農業生産力のアップに貢献していた。そういう意味では日本型農業には実績があるのだ。

そこで留学中に時間を割いてスペイン語を勉強した。ポルトガル語のブラジル以外はほぼスペイン語が公用語になっていたからである。

食料安保担当で内閣の総合安保担当室に出向

帰国して2年後の1980年、鈴木善幸内閣が発足した。岩手の漁村の網元に生まれ、漁民のために尽くせが家訓の鈴木首相は、当時のタカ派的傾向が著しくなったことを懸念し、安全保障は軍事力よりも平和外交、食料安全保障、エネルギー安全保障等総合力が必要だとして、総合安全保障関係閣僚会議担当室を設置した。私の健気な心掛けが天に通じたのか、同担当室に食料安全保障担当で出向することになり、ここで2年間食料と安全保障（平和）についてとくと勉強し、考える機会を得た。私の視点に安全保障が加わり、国会議員になってからも外務委員会に4年、安全保障委員会に1年所属し、外交・安全保障の問題を追いかけている。そうした中で何よりも追究し続けているのは、食料と平和（安全保障）のことであり、農政もここにすっぽり入り込むテーマなのだ。

国際機関で働くために博士号も取得

その後ＯＥＣＤ（経済協力開発機構）代表部勤務（パリ、１９９１〜４年）の時に、またもう一つ国際協力に思いを馳せるきっかけが生じた。河野元外相が盛んに言い始めたが、日本は多くの拠出金を払っている割には国際機関に人を出していない。なぜなら国際機関には博士号が採用の必須の要件だが、日本人で社会科学の分野の者はあまり博士がいないからである。

そこで仕事で関わりのあるＥＵ（欧州連合）の農業交渉のノウハウをネタに博士論文にまとめ、京大農学部から農業経済で博士号も取得した。

ＦＡＯ勤務に備えるも人生は思うように行かず国会議員へ

私の念頭に置いた行き先は、前述の通り、日本型農業の伝道（？）であり、農業問題を広く扱うＦＡＯ（世界食糧農業機関）である。ＷＦＰもちらっと考えたが、下痢体質で１８０㎝、60㎏のきゃしゃな体は、紛争地域や衛生状態の悪いところで耐えられる自信がなく、ＷＦＰは対象からはずれていた。

ところが人生はうまくいかないもので、当時の羽田孜首相等にさんざん勧められて衆議院議員になってしまった。国会では博士号など何の価値もなく、スペイン語など使う機会はほぼなし。青春時代の夢の計画はどこかにすっ飛んでしまった。しかし、私の頭の片隅には常に世界の食料生産に貢献し、世界から飢えをなくしたいという思いは今も続いている。

飢餓撲滅が平和に繋がると認めたWFPノーベル平和賞

WFPのノーベル平和賞の受賞は遅過ぎた。なぜなら国連難民高等弁務官事務所（UNHCR）も国連児童基金（ユニセフ）も既にもらっている。私はいつかWFPにも順番が回ってくるだろうと確信していたが、それが今回実現して喜ばしい限りである。1961年に発足し、63年から活動開始し、世界80ケ国以上での献身的活動が評価されたのである。

安倍内閣になり、日本ではますます軍事の安全保障だけが強調されてきた。そうした中、1980年に鈴木首相が食料安全保障も含む総合安保の必要性を強調してから40年の歳月を経た今、食料と平和の繋がりが世界で認知されたのだ。

紛争・戦争と飢餓の悪循環を断ち切る

ノーベル賞委員会は、「紛争と戦争は食料不足、飢餓を引き起こし、食糧不足と飢餓は戦争を起こし、暴力の使用の引き金となる」と指摘し、その上で「食料の安全保障を高めることは世界の平和の可能性を高める」と説明している。食料が十分でないところに紛争が発生するということであり、紛争が食料不足を招いているということでもある。

この今回のＷＦＰのノーベル平和賞の受賞が、コロナ禍を機に食料そして農業にもっと目を向けるべきだと教えてくれたのである。世界には食料難に遭っている約1億人の子供たちがおり、今回コロナ禍の中、満足な輸送もできなくなり、更に多くの人たちが食料難にあえいでいる。今年（２０２０年）は過去最多の1億３８００万人の食料支援を行ったという。こういった現実は日本では殆ど知られていない。

健気なボランティア活動への評価

２０２０年の4月から6月の国際線の運航が92％も減少した中、ＷＦＰは5月から8月アフリカ中南米などに１１８９便を独自に運航し、計３３８の支援組織のスタッフ、２万１１６６人を輸送している。２０１９年には過去最高の約80億ドル（８４７０億円）の資金を集め、世界の紛争地域に食料を届けまくった。

ノーベル賞委員会はコロナ禍の中「医療的ワクチンを得る日まで、食べ物が混乱に対する最大のワクチン」だとも述べている。

日本も飢餓を我が身と考え、世界の飢餓にも関心を

ノーベル平和賞受賞の新聞記事に、今まで１００人以上の人たちが紛争地域でテロの犠牲に

なっていると小さく書かれていた。死と隣り合わせで働いた人たちの犠牲の下にいただいたノーベル平和賞である。日本の国会では、紛争地域に自衛隊を送る、送らないといった浮き世離れした審議で時間を浪費していたが、WFPの人たちは、その間にもイエメン等とんでもない危険な地域で汗を流している。

日本も国際貢献するなら、もっと違った分野でできることがたくさんあるのだ。ノーベル平和賞が誰でも知っている政治家だったらもっと大きく報じられただろう。ところが、地味なWFPの受賞については、どの新聞も一応は報じてはいるが、残念ながらたった一回で終わってしまい、掘り下げはほとんどない。

食料不足問題は決して日本にとって対岸の火事ではなく、マスク不足だけでなく、いつ食料不足になってもおかしくない。我々日本人も「飢え」を我が事と考えると同時に、世界には貧しくてまともに食べ物にありつけない多くの子供たちがいることに思いをはせなければならない。

小国スイスが食料安全保障を憲法に書き込む

（2018・6・7）

国民の食料安保への不安と行動

日本より小さな国スイスが2017年、国民投票により、食料安全保障を憲法に書き込むことを決定している。

スイスは国土面積僅か413万haと九州とほぼ同じであり、山岳地が多く国土の4割が海抜1300mを超えている。そのため、放牧を中心とした山岳農業しかできない条件の悪いところである。

それにもかかわらず、1経営体当たりの平均経営面積は、20haと日本よりずっと大きい。しかし、食料自給率は日本と同じような計算はしていないが、かなり低い国である。

国民の安全保障に対する関心は高く、2017年9月24日、食料安全保障を連邦憲法に明記するということに対し国民投票が実施され、約8割近くが賛成した。日本のめったに改正されないいわゆる硬性憲法と違い、よく改正される軟性憲法である。憲法改正は日本もそうであるが必ず国民投票をもってなされており、今まで何度も改正されてきている。食料安全保障を明記したのは世界で初めてだが、農業の重要性についてはもう既に憲法に昔から書き込まれていた。それを今回は3年ほど前から議論を始めて、憲法に食料安保を書き込んだ改正にこぎつけている。

スイス観光も農業が支える

スイス国民は平和なヨーロッパにあっても、自国でもって食料を生産し、環境を守っていくべきだということを国民全体が共有している。

それを北朝鮮情勢が急を告げ、きわめて不安定な東アジアにもかかわらずのほほんとしているのが日本の姿である。大事なことは、国民全体がそういう意識を持っていることである。

私はこれに関連してよく例に出すことがある。

スイスは観光産業も大事な産業だが、スイスにきれいに刈り取られた山岳放牧地がなかったならば､あれだけの観光客が訪れることはない。もしも木々が生えていて視界を遮っていたら､マッターホルンもモンブランもよく見えない。放牧地は、農民の所有地であるが、そこを自由に歩き回ってもいいことになっている。こういった見返りとして、国民全体が山岳酪農等の農業はなくてはならないものとして意識している。だから直接支払いを相当高くしても、観光業者を含め、国民は何も異議を挟まないでいる。

スイスを大きくした国、日本

農業が水源を涵養している、景観を保っている、酸素を供給しているといくら言っても日本ではピンと来ないで、なんで農業や地方にそんなにお金をつぎ込むのか、という文句がかならず都市部から出てくる。しかし、スイスの場合は国民全体が同じ意識で山岳農業を守ろうとしている。山岳農業は、大平原で機械化できて規模拡大のメリットがすぐに出てくる農業と違うのがよく分かっているからである。

日本も平地は少なく、言ってみればスイスを大きくしたような国であり、憲法に同じような規定がなされてもおかしくない。この辺のことは、ドイツに住む川口マーン惠美の『世界一豊かなスイスとそっくりな国ニッポン』に詳しい。

支離滅裂な日本は不可解な国

ヨーロッパの小国スイスは国民皆兵を国是とし、徴兵制により21万名の予備兵役も確保している。スイスは軍事も食料も安全保障の要と考えているからである。

ところが、我が国はＴＰＰ（環太平洋パートナーシップ協定）を推進するし、外国から自由に食料を輸入し、その代わりに輸出もする。輸出などよりも日本国民に安全な食料を提供するほうが、日本の農業・漁業の役割としてははるかに大事なのにほったらかしである。そして、やたらと軍事だけにこだわり、エネルギーでは自国で使わない原発を他国に輸出して金儲けせんとしている。哲学のない支離滅裂国家であり、諸外国からはとても理解してもらえまい。農民が気付き国民が奮起する時が来ている。

地球温暖化問題を理解していない自民党政権

（2021・11・2）

人口減少の農村を捨てる自民党

自民党政権の牙城は相変わらず地方の農村である。我々が2009年に民主党で政権をとってそれが少々崩れたが、それでも農村を多く抱える都道府県では強い。特に西日本では自民党議員が跋扈している。とは言っても全国的に見ると安倍政権からあるいはその前の小泉政権から、農民・農村を基盤にした自民党という形が崩れつつある。自民党は明確に人口の多い都市部に媚びて、人口減少の続く農村を捨てる（あるいはないがしろにする）姿勢を打ち出し始めている。構造改革路線ないし規制改革路線に進み、安倍政権になってさらに農政を軽視し出したことが目につくようになった。

大臣人事に現れた農政軽視

人気取りのために小泉進次郎が農林部会長、農政には全く無縁の当選3回の元経産官僚の齋藤健が農林水産大臣に就任している。かつての自民党では素人の大臣は一人もいなかった。それでもまだ安倍元首相は、「はっと驚くような美しい田園風景を守る」とかいう美辞麗句を多用して、農民・農村を重視している振りだけはしていた。

農家出身なのに農業・農村に冷たかった菅前首相

ところがそれを引き継いだ菅政権はそういった発言すら一切なかった。

菅義偉前首相は美談風に秋田の農家の生まれで、高校卒業後東京に飛び出し、苦学生として法政大学を出た、と宣伝された。農業が嫌で農村を飛び出しただけあって、所信表明演説でも、農政では農産物輸出について触れただけである。また農林水産大臣人事に農業軽視の極めつけの事例が現れている。野上浩太郎農林水産大臣は、農林水産委員会など一度も所属したことはないばかりか、富山県出身の参議院議員であるにもかかわらず、農林部会すら殆ど出席したことがなかったという。厚生労働大臣にプロの田村憲久が2度目の就任をし、厚生労働族の後藤茂之が就任するのと比べると、農政軽視が目立つ。

麻生副総裁のとんでもない発言

そこに降って湧いたのが麻生副総裁のとんでもない発言である。

10月25日、応援で訪れた北海道小樽市で「北海道の米がうまくなったのは、農家のおかげですか。農協のおかげですか。違います、温度が上がったからです」と言ってのけている。「かつて言われたまずい米の代表の言葉、〝厄介道米〟と言われていた。それが今やおぼろづきやこちぴかりで輸出している」と適当なことを言っている。多分北海道に行く前ににわかレクチャーを受けたのだろう。

クラーク博士等の稲作否定に対してもひるまず米作りを始める

北海道の米作りは大変な苦労の連続であった。何よりも北海道開拓の当初は開拓使顧問団のケプロン、札幌農学校長のクラーク博士も「北海道は米には向いてない」と断じていた。そうした逆境の中で農民は米を作りたいという思いを捨てずに頑張っていたのである。

篤農家の中山久蔵が「赤毛」という品種で苦労して米作りを始めている。それから幾多の農家、研究者等が努力を続けてきたのである。稲作が始まった地・北広島市は、1873年を記念の年として中山久蔵の米作りの歴史をまとめた分かりやすいビデオを製作している。

今、なんでもアメリカの制度に迎合して派遣法を全産業に適用したり、大規模店舗規制法を廃止してスーパーマーケットをどこにでも作れるようにしたりと、やれとも言われないことまでアメリカに倣っているのに比べると、米作りで日本の伝統を大事にする姿勢は見事というほかない。

北海道の寒冷地稲作を中国に伝えた原正市

米への執着は中国人も同様である。日本で米が余り始めた1980年、技術者原正市は、中国に赴き、寒冷地北海道の稲作指導で収量を2倍にし、洋財神（外国から来て懐を豊かにしてくれる神）と感謝された。2002年までの21年間に1522日も中国におり、数々の賞をもらっている。

北海道は世界に通用する技術を確立し、中国にまで広めたのだ。江沢民が訪日の折、原は面会している。北海道の寒冷地稲作技術は何かとギスギスする日中の絆になっているのだ。

麻生副総裁はこんなことを知るはずもなく、北海道の農業に心血を注いだ先人たちを冒瀆（ぼうとく）した。当選3回の同僚の衆議院議員は性交同意年齢引き下げを巡る内部会合での発言を問題視され離党し、今回立候補も取りやめた。それと比べて選挙応援という公衆の面前でのこの妄言のほうがずっと罪が重いのではなかろうか。

相次ぐ美味しい米・ブランドの品種

その後も北海道の努力は延々と続き、1988年、北海道に合う〝きらら397〟ができ、

2011年にはマツコ・デラックスのゆめぴりかのCMが功を奏して北海道米が広まっていった。今や北海道は新潟県に次ぐ水稲作付面積10万2300haを誇り、生産量も全国の7・7%とこれまた新潟に次いで2位となっている。栽培面積の平均は全国では1・8haだが、空知や上川を中心に北海道の平均は9・52haとなっている。果樹や野菜と異なり、機械化による大規模栽培が可能だからだ。

その後もななつぼし、おぼろづきといった優良品種が美味しい米の代表として登場した。自主流通米制度からも排除されていたのはかなり昔のことで、今や北海道米は美味しい米にランクされている。麻生発言はそれを貶（おとし）めたのである。

世界に類例を見ない見事な開発の歴史

明治の外国人指導者たちの指摘は常識的に見れば科学的根拠があった。もともと米は亜熱帯の原産なので、日本海側は積雪量が多く寒く、しかも石狩川の周辺は泥炭層が多く、土壌改良から始めなければならなかった。それをたゆまぬ研究と血のにじむような思いで、150年の間に大農業生産地を作り上げたのである。

よくデンマークの寒冷地農業開発が世界の優良事例として出てくるが、北海道は150年余の間に人口10万人から562万人も擁する地に発展し、人口はデンマークの一国（580万人）に匹敵するまでになった。あまり特筆されないが、北海道こそ世界に誇れる優良事例である。

岸田首相の初外遊、COP26（グラスゴー）に冷水

折しも岸田首相は英グラスゴーで開催されている国連気候変動枠組条約第26回締約国会議（COP26）で、11月1～2日に行われる首脳会合の一部に出席するため初外遊する予定だという。そうした時に飛び出した麻生副総裁の国際的に恥ずかしい限りの発言である。

当然、外国メディアも日本の元首相のズレた見識に驚き批判的に報じている。英タイムズは、岸田首相が出席を明らかにしているにもかかわらず、総選挙直後でもありどうするか迷っているともつけ加えている。

米ニューヨークタイムズも英タイムズと同じく、過去に物議を醸したヒトラー関連発言や日本は単一言語の単一民族とした発言も紹介しつつ、地球温暖化にもいいことがあるという非常識な発言に驚きを隠さない。気候変動対策の取り組みに不熱心な日本の象徴的発言ともいえる。このままだと岸田首相はグラスゴーで日本のCO$_2$排出削減への消極的態度と相まって嫌味を言われ、何度目かの化石賞をもらうのは必定である。

温暖化防止に本格的に取り組まない無責任な日本

世界の政治の中心課題は環境であり、なかでも気候変動が最重要とされている。G20でも2日目の議題は気候変動対策である。先のドイツの総選挙では第3党の緑の党が躍進した。第1党の

社会民主党との連立交渉が続いているが、そこの中心課題も気候変動対策である。ところが、日本では2021年の総選挙では全くテーマになっていない。せいぜい原発対応ぐらいである。

私は環境委員会に8年在籍し、農政にも力を入れている。その二つの分野にまたがる大失言はとても看過できない。とてもではないがこのような幹部を抱える自民党に農政を任せられないし、気候変動対策も任せられない。やはりこの総選挙で政権交代に持っていかなければならないとますます決意を固くした。

官(邸)強、党(自民)弱の危険な政策決定システム

（2015・3・20）

2015年3月13日のこと。例年よりだいぶ遅れて予算が衆議院を通過した。当然、我々民主党を含め野党は反対している。しかし、一強多弱、自民党だけが大量議席を得て、暴走を続けている姿は何の変わりもない。安倍政権は軍事的な面であらぬ方向に行く非常に危険な政権と言われているが、そもそも民主主義政治をないがしろにする危険のほうが大きい。

官邸政治の始まり

いつの頃からか官邸がリードするために、官邸になんとか会議というのがよく設置されるようになった。そうしたわがままは、私の記憶では一内閣に一つぐらいは許されていた。私が内閣・総理府に出向した鈴木内閣の時の総合安全保障関係閣僚会議担当室もその一つだった。これは福田内閣の牛場信彦対外経済担当相に始まり、大平内閣の補佐官制度と九つの勉強会グループ（田園都市構想等）と続き、鈴木内閣の後半の第二臨調、中曽根内閣の臨教審と続いた。ところがいつの頃からかそうした大胆な政策ではないけれども、官邸に首相の肝いりで様々な会議が設置されるようになった。

度が過ぎ始めた小泉経済財政諮問会議

記憶に新しくかつ強力だったのは小泉内閣の経済財政諮問会議であろう。法律的な根拠は何もない。そこに竹中平蔵以下、勝手なことを言う学者、評論家等を集めて政策を決定した。つまり国会を軽視し、いわば首相の趣味で政策を打ち立てるシステムである。議院内閣制なので閣僚も議員から選ばれる。ところが国民が選んでいない輩が○○会議にでばるのである。形は違うが内閣参与という一本釣りも多用されるようになった。それがピークに達したのが鳩山内閣、菅直人内閣の時である。私はこれらの官邸の思いつきの人選は、民主主義を踏みにじるものであり、邪道だと思っている。

バランスをとった食と農林漁業の再生実現会議

菅直人内閣の時に私は閣内にいたが、菅内閣は二つしか設けていない。「新成長戦略実現会議」と私が菅首相に強く申し出てできた「食と農林漁業の再生実現会議」である。後者はTPPの交渉に参加しかかった菅首相を、一副大臣の私が説得して、それを覆すべく設立した官邸内の組織である。農政をテコ入れするために使おうとしていたのである。官邸内で数回会合を開いていた。しかし、そのメンバーは謙虚である。農協のトップである茂木守JA全中会長、生源寺真一東大教授、財界の代表で三村明夫新日鉄会長、栃木県の女性農業士、歌手の加藤登紀子（夫が有機農法の藤本敏夫）等バラエティーに富んだ人たちを交えて検討を始めていた。農林水産行政にテコ入れするために使おうとしていたのである。メンバー構成は極めてバランスのとれたものだった。

偏る安倍政権の○○会議等

ところが安倍政権はひどいものである。典型的な例が安保法制懇である。集団的自衛権を認めるという方針の下に議論を始められ、なんとそのメンバーは全員が集団的自衛権の行使を容認する人たちである。予算委員会（14年2月13日）での私の「偏りすぎる」という指摘に対して、「空疎な議論を排すため」というとんでもない答弁をしている。何か揉め事を決めるための○○審議会というのは賛成派、反対派、中立の三者で構成するのが普通である。それを安倍首相は結論ありきで進めているのだ。後々の新聞報道等によると、そのタカ派の有識者の意見も殆ど無視され、官邸に巣食う一部の人たちだけで政策が決められているのである。

格好付けの規制改革

一方、真逆になっているのは、農民や農協関係者の怒りをかっている農協改革である。法律的根拠がない産業競争力会議が大手を振って歩いている。三村明夫（日本商工会議所会頭）等財界人や、小泉内閣から復活（?）参加の竹中平蔵等がメンバーである。規制改革会議は一応法律的根拠があるが、農業問題、医療問題、労働問題の三つを目玉に「規制改革、規制改革」と騒いでいる。安倍首相は外国でも「岩盤に穴をこじ開けるドリルの刃になる」などと、格好のいいことを言っている。日本が諸々の規制でビジネスがしにくくて困ると世界から批判されてもいないのに、いかにも規制だらけの国のように宣伝しているのだ。

専門家や関係者抜きで進む農政改革

ところが、農政問題、農業問題を議論しているというのに、農業関係者はこの両方の会議に誰一人として入っていない。安倍首相の言葉を借りれば、空虚な議論どころではなくて、「空っぽの空回りの議論」しかしていない。そして案の定、奇異な意見が続出してきている。その一つが農協改革である。更に悪いことに農協改革に隠れて農業委員会や農業生産法人の改革も行われんとしている。これは明らかに改悪である。

共通するのが、国民や農民を政策決定の場から離させようとする動きである。農政のまとめ役、JA全中いじめはその一環の最たるものである。

文句を言わせない強権政治

かつて自民党政治が華やかであった頃、日本の圧力団体は、経団連・財界「6」、農協「3」、医師会「1」と言われた。そのJA全中を農協法上の機関から、社団法人にして力を削ごうというのである。農業委員会では農業委員会法により、農業及び農業者に関する事項について意見を公表し、行政庁に建議することが認められている。ところが、これも法律からなくそうとしているのである。

二つの方向は完全に一致する。政府は農民の声、農協の声、農業委員会の声を聞く気がないという姿勢である。

農民を格付けする上から目線農政

そして、もう一つ空恐ろしいことが進められている。随所に出てくる認定農業者である。5年間の計画を立て市町村に申請し、立派な農家だと認められたのが認定農業者になる。その認定農業者が、農協の理事も農業委員会も半数以上を占めなければならないとして法改正されることになる。

我々がつくった農業者戸別所得補償は経営所得安定対策などと名前は変えられているが、政権奪取後も殆ど変えずにそのままの仕組みが残されていた。ところが何と２０１５年度から対象を認定農業者に絞ろうとしている。２００６年の経営所得安定対策の「４ha以上の認定農業者と20ha以上の集落営農」の再来である。

今回はさすがに面積要件は外されているが、日本の農業・農民の実情から全くかけ離れた典型的霞が関農政であり、官邸の浮き世離れした農政の象徴である。

大げさに言うと、国民を認定国民と非認定国民に分け、認定国民しか相手にしないというとんでもない仕組みである。つまり、農民を分断し、一部の農業者しか対象にしないという政策なのだ。皆が一緒に助け合う日本社会の典型である農村には全く受け入れられない政策である。安倍政権の独善的な姿勢が安全保障政策よりも先に農政に表れている。

江戸時代の農民いじめが起きつつある現実

地方の声を聞かず、一部の人の声だけを政治に反映させる、一握りの支配の始まりである。安倍内閣の下で民主主義が大きく音を立てて崩れつつあるのだ。江戸時代に「百姓は生かさぬように殺さぬように」ということが言われた。しかし、安倍政権は農協を潰し、小さな農民を捨ててもいいという姿勢を明らかにしている。そして、TPPに反対する農民・農協に対して、「民は之に由らしむべし、之を知らしむべからず」を今この現代で平然と実行しているのである。危険極まりない悪政である。

（2014・6・30）

農地の転売利益が目的の企業の農業参入

増加する株式会社の農業生産法人

規制改革会議は、2014年6月13日またぞろどぎつい提言をまとめた。そこに見られるのはしつこい企業の農業への参入の主張である。しかし、正確に言うと、企業の農業への参入ではない。今までも農業生産法人の要件は相当緩和されてきている。今回の規制改革会議では更に役員の過半が農作業に従事から役員または重要な使用人のうち一人以上が農業従事、そして構成要件の4分の3以上が農業関係者や農業関係者から2分の1以上等、大幅に緩和するよう提言されている。従って、今この提言が実行されれば、なおさら企業は農業に参入しやすくなる。

40年前の過ちをまた繰り返す

アベノミクス農政批判で例示した通り、旧ソ連でも、あの効率一辺倒のアメリカでも雇用労働に頼る企業（的）農業は成功していない。

日本でも、１９７０年代に三井物産等の総合商社を中心に「東南アジアを日本の食料基地に」という掛け声とともに次々と農業に参入したが、すべて撤退している。１９８０年代の土光臨調の頃、副会長の井深大ソニー会長は、日本に農業は要らないとまで言い切り、不買運動まで起こされている。しかし日本から農業はなくならず、東南アジアは食料基地にはならなかった。逆に世界に名をはせたソニーは、昨年家電メーカーで唯一赤字にあえいでいる。栄枯盛衰は世の習いなのだ。

それにもかかわらず、50年後の21世紀でも企業の農業参入が再び声高に主張され、過ちをまた繰り返そうとしている。

世界でも禁止されている企業の農地所有

企業の農地所有については、禁止している国と禁止していない国がある。韓国は大体日本と同じで原則禁止だが、自ら農業に従事したり、執行役員の３分の１が農業者の場合には許されている。

アメリカの場合国レベルでは禁止はしていないが、穀倉地帯の中西部では原則禁止しているところも多い。例えばアイオア州は3親等以内で構成され、収入の60％以上が農業からの企業でないと農地の所有が認められない。

日本は明治政府が地租に頼って私的所有を認める

よく地主制といわれるが、それは神代の時代から存在したものではない。例えば、江戸時代は農地はすべてお殿様のものであった。だから四公六民とか五公五民とか言われていた。明治政府は、土地の私有を認めて、土地への税（地租）から収入を得なければならなかった。折しもヨーロッパは市民革命の最中で、市民の私有財産権（私的所有権）が大幅に認められ始めた頃であった。特にその傾向の強かったフランスのボアソナードが日本の法制度確立の指南役となった。従って日本では土地に対する所有権が、フランスに倣って相当強く認められた。

私有財産権が強過ぎる日本

もともと土地は万民のものであるという考え方が、ヨーロッパ社会にはある。日本でも律令制度の頃は、何もかも国家（天皇）のものであり、国民は口分田（くぶんでん）をもらい耕作していたにすぎなかった。江戸時代には江戸幕府のものあるいは殿様のものとなったのだ。

一方、ヨーロッパではその後、ワイマール憲法等で再び土地の公有が前面に出てきたのに対し、日本は明治以降の絶対的土地所有権がそのまま残されることになった。そして、いつの間にか地主に農地が集中していったのである。第二次世界大戦の頃には途中から農村で実力をつけた地主が次々に農地を買い、完全小作が3割、自小作（自分の土地と小作地の両方）が7割というような状態になってしまった。その結果、戦後の農地改革へと繋がった。

ヨーロッパは農地は使用貸借

農地の所有といっているが、欧米特にヨーロッパでは、所有というよりも、我々の概念からは使用貸借のようなものにすぎない。従って、農地は農業目的以外には売買されず農業をやらなくなったら、別の農業をやる人が耕作する仕組みになっている。だから、日本のような遊休農地や不耕作地は生じない。

それからもう一つ大事なことであるが、まず農地は農地として取り引きされるのが原則であり、いわゆる転売利益に当たるキャピタルゲインは所有者に行かない仕組みになっている。従って所有したところでそう儲かるわけでもないので、農業をしたい企業は賃借で足りることになり、企業側からも農地所有をさせろといった要請はない。

規制改革会議の提言は、転用規制が農地流動化の阻害要因だとし、転用利益を地域農業に還元すべきだと、奥歯に物が挟まったようなことを言っている。

私は、農地の転売によるキャピタルゲインはすべて地方税に行き、すべて農業振興に充てるようにすべきだと考えている。そうなると、転売利益は一切出ないので、企業にも農地所有を許してもよいことになる。その時たぶんヨーロッパと同じく企業の農地所有の声は全く出なくなるだろう。

雇用労働に向く畜産と施設園芸

ここで私が問題提起したいのは、日本では畜産業への企業の参入が少ないことである。肥育牛については、ある程度面積が必要だが、耕種農業ほどではない。それに対し、酪農、養豚、採卵鶏、ブロイラーについては広大な農地を所有する必要はない。従って本当に企業が農業への参入を図るとするなら、畜産にこそどんどん参入していいはずである。なぜならば、畜産は毎日餌をやり、酪農なら毎日乳を搾り、ということで常に仕事があることから、雇用労働になじむからである。同じことが施設園芸、特に軟弱野菜等にもある程度言える。人工的管理技術が完成したキノコ栽培は、ホクトと雪国マイタケに代表されるように、企業が成功を収めている。このように今後は施設園芸で企業の参入が増大していくに違いない。

企業参入がない畜産

2014年6月18日の農林水産委員会の質問の折、農林水産省に畜産への企業参入の事例を聞いたが、ろくな統計も持ち合わせていなかった。私がネットを通じて探したところ、イトーヨーカ堂が岩手の遠野牛に参入し、居酒屋チェーンの和民が北海道に牧場を有しているぐらいである。それに対し、農地所有につながる耕種農業の分野では、今回の提言を契機に虎視眈々と農業参入を狙っている。

農業への企業参入を妨げているのは、農地の所有の規制だとよく言われるが、真っ赤な嘘でしかない。最も企業経営に相応しい畜産に企業参入がないのは、ついて回る農地の転売利益という旨味がないからである。

日本の畜産は、外国から飼料穀物を輸入して、畜産農家がそれを肉や卵や牛乳に変える、いわば加工畜産であり、飼料穀物価格が上がったら、すぐに赤字に転落してしまう。だから参入しようとしない。こうした参入分野の違いから企業が農業への参入と言いつつ、本当の目的が何かは透けて見えてくる。

農地所有が目的の農業参入

耕種農業は、畜産以上にもっと儲けが少ない。それでも企業が農業参入や農地所有に固執するのは、農地を投機の対象としか見ていないからである。経済的に見ておかしいのは、ただでさえ儲からない農業で、日本の高い農地を買って採算が合うはずがないことである。本当に農業を経営する気があるなら、今でも農業生産法人化し農地を借りていくらでも可能なのだ。農地を所有しなければ本当の経営ができないというのは詭弁でしかない。いかがわしい動きは、絶対に認めてはならない。

預託という現代の小作

実際畜産の世界では、これまた詳細は省くが、「預託」といった方法が猛然とした勢いではびこっている。素牛（もとうし）を買う財力のない零細な農家が、大企業にあてがわれた子牛に、ただ餌をあげ太らせることにより労賃をもらい、利益は企業に行くというやり方である。その意味では、前述と異なり畜産への企業のいびつな参入が進んでいるのである。私は２０１０年、宮崎県で発生した口蹄疫の現地対策本部長となり、この実態を初めて知った。

今、企業に農地所有を認めたら、明治以降と同じように20～30年後には日本の農地の大半は21世紀の新たな地主となる企業の手に渡り、農家のものではなくなってしまっているだろう。そして、上記の理由により日本の牛の大半も農家のものではなくなっているだろう。

規制改革会議の提言は、「国際家族農業年」（２０１４年）や「国際協同組合年」（２０１２年）の精神からズレた、時代錯誤なものと言わねばならない。

農政を安倍内閣に任せたら農協も農業・農村も解体されてしまう

（２０１４・12・12）

２００７年、安倍内閣の時に参議院選挙があり、民主党は農業者戸別所得補償を引っ下げて自民党を１人区で６勝23敗と大敗に導き、民主党政権誕生の大きなきっかけをつくった。安倍首相はこれを恨みに思い、参議院選挙を勝たなければ死んでも死にきれないと悔やんでいた。２０１３年参院選は30の１人区のうち岩手と沖縄を失っただけで、すべて勝利して、さぞかしすっきりしていることだろう。

史上最大の米価下落

なぜかしら安倍首相の下の選挙時には、農政問題が一つの大きな対立テーマとなる。２０１４年は６月末の米の在庫は２２０万ｔを超え、各経済連が売り急ぎをし、14年産の米価下落を恐れ、農家に前もって支払う米の概算金の支払いが１俵当たり約３０００円程下落し、史上最低の価格となっている。

最高の時には、１俵２万６０００円ぐらいだったものが、その半分以下、あるいはひどい県では1万円を切っている。いくら米の農業・農村における比重が低くなったとはいえ、自給率の問題からしても、捨ておけない問題である。米価は安過ぎるのだ。このままいけば、来年は、赤字にしかならない米作りをやめるという人が続出するに違いない。日豪EPA（経済連携協定）が承認され、TPPがどうなるか分からないが、酪農家がもうやめ始めている。生乳生産費が急騰しバター不足になっているのも同根である。

農民票の掘り起こしができない民主党現幹部

また再び農村から民主党への期待が高まっている。このことを残念ながら、都市政党で1区現象と呼ばれる中で当選してきた当選6、7回の幹部は、ほぼ誰一人として理解していない。今、この農業・農村問題をテーマに戦えば、大概の農村の地区では勝てるのだが、あまりそういった形跡は見られない。今は小沢一郎代表を懐かしく思う。2007年の参議院選挙、大きな会場には見向きもせず、駅前街宣もせず、まっしぐらに町や村の農村に行き、ビール箱の上に乗っかって、農業者戸別所得補償を訴えかけていた。選挙の何たるかを分かっているのだ。

今、農村は困っている。TPPで将来の農業に不安を感じているのに、この米価下落、そして農協潰しである。安倍内閣は、小泉内閣の郵政よろしく敵を作り、その敵を農協と定めたようである。農協解体ということを言い出し、中央会を廃止し、JA全農を株式会社化するというのだ。さすがに農民は自民党に怒っている。

12月14日は嘘だらけの自民党農政に仇討ち

12月14日は赤穂浪士の討ち入りの日であり、私は集会で「投票日には嘘を言った自民党に仇討ちをしよう」と呼びかけたこともある。TPPは断固反対と言って裏切り、聖域は守れるとTPP交渉に参加した。農業の所得を10年で倍増するとか絵空事ばかりを言いながら、米の所得補償を10a当たり1万5000円から半分の7500円に下げ、飼料米を突然10万5000円にした。支離滅裂農政である。そして米価は1俵当たり3000円下落した。それなのに、何ら手を打とうともしない。

最近の日本農業新聞を見たら、対策は22万tを在庫として倉庫に置いておくことだけだという。あまりに冷たい政治である。あとはナラシ対策だとか言っているが、一般の農民にはなんのことだか分からない。加入率がほんの僅か(一桁台)であり、大半の農民にとっては殆ど意味がない。

土の皮膚感覚のなくなった農水官僚

相変わらず、規模拡大、規模拡大の大合唱である。私は、規模拡大に別に反対するわけではないが、それだけでは農業をやっていけない。今年が、国際家族農業年だというのに、農林水産省は何もしないで過ごしてきている。規模拡大のみの農政と真っ向から対するからである。私は、皮膚感覚で地方のことが分かる政治家が少ないことが問題だと思う。農林水産省が現場からかけ離れた政策を、何の疑問も持たずに机上の空論で推し進めようとしているのは、農水官僚の中にも、皮膚感覚で農業・農村の現場が分かる地方出身者が少なくなり過ぎたことに原因があると思っている。別に東京生まれ、東京育ちが農林水産省の役人になってはいけないとは言わないけれども、どう見てもこの人たちは土の香りがせず、農業・農村を愛する魂が欠けるのである。だからひたすら効率だけを追い求める農政をやりがちである。

農業を支えるには、外からの改革、企業・外部からの農業参入が必要だと、えらく熱心である。かつて田中康夫長野県知事が「若者、よそ者、バカ者が地域を変える」と言ってはばからなかった。しかし、農村地域社会の活性化のためにそんなことばかりを言っている先進国は聞いたことがない。農業はやはりそこに生まれ、そこに育った人たちが中心にやっていくことが一番大事なことなのである。

そんなに新しい血が必要だ必要だというのなら、政治家こそ新しい血が必要であり、2世3世議員は、一斉に政治の世界から退場すべきことになる。これこそ外部の新しい血が必要なのだ。

空虚な規制改革会議提言

農政は私の専門分野なので、これ以上軽々に書くわけにはいかないけれども、とてもではないが、専門家がゼロの産業競争力会議、規制改革会議の提言など聞く耳を持たない。それなのに、この二つの会議では農業の専門家が誰一人いないで議論している。それで提言などというのはチャンチャラおかしなことである。規制改革と言いつつ、認定農業者しか農協理事にしないというのだ。構成員の資格に口を出すのは、規制の最たるものである。理事は農民の互選で民主的に選ばれているのだ。更に農協を准組合員に使わせるなというのも同じである。自己矛盾も甚しい限りだ。

何よりも危険なのは、日本という国を安倍政権でガタガタにさせられることである。その最初のえじきは農業・農村ではないかと危惧している。そして、最後に日本の国家自体が危うくされるかもしれないのだ。

（2015・2・18）

邪悪な農協改革は農業・農村を混乱させるだけ

目的不明の規制改革

安倍内閣の特徴の一つは、言葉遊びである。三本の矢、地球儀俯瞰外交、この道しかない等々美辞麗句が並ぶが、少しも実現されない。

２０１５年2月15日の日経新聞は、一面トップで「上場企業の3割増配　車や電機、好成績で還元」と報じている。円安は大企業、特に輸出企業には恩恵をもたらし、史上最高収益を挙げている。逆に輸入食料に頼る庶民は大迷惑である。

しかし、従業員の給与はアップせず、国民にトリクルダウン（富裕層が豊かになることで貧困層も豊かになるという考え方）することは殆どない。その結果、都市と農村の格差をはじめとして、あらゆる格差が拡大し、地方は疲弊しきっている。あまり知られていないが、先の衆議院選挙では史上最低の投票率を記録したが、各都道府県別で見ると、富の集まる東京だけは最低を免れている、投票に行く人が多かったのである。こんなところにも、日本の現状がしっかりと現れている。

その三本目の矢は飛ぶことがなく功を奏していない。そうした中、いつの間にか規制改革の目玉に、農業・医療・雇用・エネルギーが挙げられることになった。

「JA全中が地域農協の自主性を損ねている」という誇大宣伝

そして、更にごまかしの言葉が躍る。農協・農業委員会の規制を改革して、農業を成長産業に、というものである。農業所得倍増といった夢物語も語られる。農業がうまくいかないのは、農協や農業委員会が農民の自由な活動をがんじがらめにして、農業の成長を妨げているからだというのだ。こんな屁理屈はどの専門家に聞いても、どの農家に聞いても得心する者は全くいないであろう。

まして全国農協中央会（ＪＡ全中）が農協法上の権限により監査をしているから、地域の農協の自主性が妨げられ、農業の停滞を招いている、という論理はあまり飛躍し過ぎている。そんな具体的事例は寡聞にして知らない。アベノミクス農政は出だしから論理矛盾し、間違っているのである。

後述するが、世界で農政がうまくいっている国はまずない。そうした中、ヨーロッパの中山間地域の農村が限界集落などに陥らずにいるのは、政府が直接支払いといった温かい農業政策によりそこで生活していけるように手を打ってきたからである。そうした支援措置を講ずることなく、農業の停滞を農協と農業委員会のせいにして、規制改革とやらを断行すれば農業が活性化するというのは、どう考えても辻褄が合わない。

もっともな農協・農民の疑問

農協や農民からは再三にわたり疑問が投げかけられている通り、農協改革、例えば大騒ぎされている全国農協中央会の社団法人化や監査の外部化が、どうして農業所得倍増に直結するのか、という説明が全くなされていない。

理由は簡単である。そんなことはありえないからである。はじめから嘘で塗り固められており、きちんと説明できることは何一つないと言ってよい。このようなデタラメが罷り通ること自体が不思議でならない。

しからばなぜ、安倍首相が施政方針演説ののっけから農協改革を大声で叫び、衆議院本会議場を一気に白けさせるのかよく考えてみないとならない。それなりの隠された理由があるからである。表向きの理由である農業の成長産業化による農業所得倍増など、誰一人として信じる者はいない。自己陶酔して主張している安倍首相も、忠実な「ポチ」に徹する稲田朋美政調会長も私には別世界の人にしか見えない。以下、それこそ不純な動機を綴る。

改革者としてのパフォーマンス

第一に、格好付けである。これは既に多くの人がよく指摘しているように、小泉元首相の猿真似である。小泉元首相は、誰も関心のなかった郵政民営化をいかにも国家の一大事のように大げさにまくし立て、反対する者を抵抗勢力と名付け、徹底的に叩きのめした。その姿を間近で見ていたのが安倍首相である。郵政を農協に置き換え、改革者の格好付けを行って、直接関係のない都市部の有権者の支持を得んとしているのだろう。高支持率維持のパフォーマンスであり、いかにも姑息である。

小泉元首相は、郵政民営化で日本がバラ色の国になると髪の毛を振り乱して叫んでいたが、今何がよくなったのだろうか。郵貯・簡保にアメリカ金融資本が入り、郵便局の末端がガタついただけで、何の成果もない。今回の農協改革が全く同じ結果を生むことは目に見えている。

アメリカが虎視眈々と狙う農協の100兆円

第二にちらつくのはアメリカの影である。これも郵政改革と符合する。アメリカは日米構造協議以来、日本に定着している仕組みを壊し、アメリカの都合のいいように変える戦略を取り出した。それが年次改革要望書等でしつこく突っ込まれ続けている。極め付きは２０１４年６月、在日米国商工会議所（ＡＣＣＪ）がまとめたＪＡグループの組織改革の意見書である。そして、一連の提言はまさしくこれに沿っている。つまり、アメリカの思う壺、言いなりなのだ。

郵貯、簡保の約３００兆円に対して、農協貯金約90兆円と共済約３００兆円。これをアメリカの手の出せる民間金融市場に吐き出させたいのである。ＪＡ全中を巡る攻防に目が奪われている中で、信用事業（金融）と共済事業（保険）の分社化という郵便局の分社化と同じ悪巧みが脈々と進められんとしている。

この二つの事業のあがりで営農指導事業を行い、経済事業の赤字も補っているのである。それなのに稼いでいる事業を分社化したら農協は潰れてしまう。ほくそえむのはアメリカの金融関係者だけであろう。私はなぜ「日本を守る」ことに熱心な安倍首相が、実は日本を「安く売り、潰す」ことに熱心なのかさっぱり理解できない。２０１３年10月21日の予算委質問で、私が安倍首相を保守ではないと追及した所以である。

鎧の下に見える企業の農地所有

第三の卑しい狙いは、企業の農業参入、なかんずく農地の所有である。

今の農業をめぐる規制改革の究極の目的がここにあるような気がする。このことは、マスコミに大きく取り上げられる農協改革に隠れることなく、しゃあしゃあと進行する農業委員会の大改悪を見れば一目瞭然である。

まずとってつけたように地域農協（単協）を持ち挙げている。利益の上がる農産物を○○商事の儲けのタネにしたいのである。だから協同組合であるJA全農を株式会社化して○○商事と同列にし、自ら参入せんとしているのだ。このまま進むと各地の金になる銘柄品だけを○○商事が買い取り、他は全く扱わないあこぎな商売が罷り通ることになる。零細農家が一生懸命生産するその他大勢の農産物は全く相手にされなくなる。パソコンを駆使できたり、経営の才能がある農家が直接販売業を行う中、農協はそうしたことのできないごく普通の中小農家、高齢農家の農産物を集積して販売し、まさに協同組合の役割を果たしているのである。

そして、最後は320兆円も内部留保した金の行き先としての農地の所有である。これを許したら、日本中の優良農地は企業の手に渡り、前述と同じくコストの合わない中山間地の農地は放棄され、日本の美しい国土は見るも無惨な姿になってしまうであろう。つまり、銘柄農産物も優良農地も企業につまみ食いされるだけに終わることになる。

反ＴＰＰの動きを封じる

第四に差し迫った動機として、反ＴＰＰの動きを封じるといった卑しい目的もある。秘密交渉とやらで、全容が全く明らかにされないまま進むＴＰＰから目をそらしたいのだ。日本のマスコミはまんまとそれに乗せられ、ＴＰＰの内容を掘り下げた報道が全く見られない。ＪＡ全中も自らの足下を突つかれて、ＴＰＰどころの話ではない。かくして、何かと注文のうるさい農業団体の動きを牽制し、今やこの目的はほぼ達成されたといってよい。このため、今後の農村や地域社会の行く先は真っ暗闇である。

いずれにしても、農協改革を必要とするまともな理由は見当たらない。今回の農業規制改革は邪悪である。

（２０１７・４・13）

農業・農村の実態からかけ離れたアベノミクス農政

２０１７年４月５日、民進党のトップバッターとして農林水産委員会の質問に立った。農水省提出8本の法律のうち一番重要な「農業競争力強化支援法」の審議で、4月6日には農水委を通り、11日の本会議で野党の反対するなかで衆議院を通過してしまった。多勢に無勢で数の力はいかんとも覆しようがない。

事業統合と新規参入と逆方向を向く「支離滅裂」法案

この法律はいわゆる安倍農政の延長線上にあり、2015年の農協改革の流れに沿っている。いわく、日本農業の競争力を高めるため、農業資材業界と農産物流通業界等（農水省はこの等には食品加工業界も含まれると説明）の事業再編と事業参入を進めるというのだ。構造的に不況に陥っている業種や縮小しかない業種について事業再編がよく行われる。そんな状況にある業界はあまりないのに、肥料業界と飼料業界を例に、中小企業が多すぎるので再編せよという。

そこで、事業参入の例として、4社（クボタ、井関、ヤンマー、三菱マヒンドラ）の寡占状態にある農機具業界だけが挙げられる。ところが他の業界がどうなのか皆目分からない。例えば、米流通業界なり製粉業界（小麦）なりが一体どっちにあたるか皆目分からないのだ。つまり、二方向を追う「支離滅裂法案」である。

何を目指しているのか分からない「ピンボケ」法案

肥料価格が韓国と比べて高く、銘柄数も倍近くあるから、事業再編が必要という。牛肉の質で値段が違うように、肥料にも質の違いがある。同じ成分で比べたら、日本の肥料は肥料効果が高いから価格も高くなる。それだけのことだ。

韓国の気候は全国でそれほど大きく変わらない。それに対し日本は北から南まで長く、土壌条件もバラエティーに富んでいる。作物も50年前のように米が半分以上を占めることはなく、青果物を筆頭に少量多品種生産が行われており、それに合わせた肥料も多くの銘柄になっていただけのことだ。それを政府が介入して統合させるというのは「ピンボケ法案」以外の何物でもない。

ついに稲作まで機械化

米は八十八手の手間がかかり、小麦と比べて機械化するのは難しいといわれていた。しかし、持ち前の研究熱心と培われた技術により、いつの間にか田植え機、バインダー、コンバインと見事に機械化に成功した。といっても1960年以前では耕耘も馬や牛に鍬を引かせていたし、田植えは一斉に並んで手で植えていた。田の草取りも農機具といえば「ゴロ」と呼ばれる畝間を転がす手押しのものぐらいだった。かくいう私は牛の鼻の緒を引き、爪の先に泥をつめて、田んぼに這いつくばって草取りした最後の世代である。だから機械化による労働力の削減は痛いほど分かる。

一気に機械化が進んだ1990年代

東京オリンピック（1964年）の前後に、ガーデン・トラクターとか豆トラとか呼ばれ、リヤカーを引っ張るとともに田畑を耕耘する小さなトラクター兼耕耘機がどこでも使われるようになった。その後、高度経済成長の波に乗り、日本の農機具は急速に売り上げを伸ばした。1977年には約7700億円の出荷額のピークに達した。その後は下降するばかりで推移している。それでも1980年代以降も、コマツ、豊田機械、本田、石川島芝浦（現シバウラ）の大手がトラクター等農機具をつくっていた。

ところが1990年代前半までにすべてが撤退し、現在のクボタ、井関、ヤンマー、三菱マヒンドラの4社体制が出来上がった。日本の農業が、規模拡大を果たした専業農家と兼業農家に二極分化してしまったからである。

一人よがりの「お節介」法案

トラクター、田植え機、コンバインで見ると4社の供給割合は1980年代で7~8割になり、1990年代以降は9割以上を占めている。肥料業界とは違う方向に動いたが、それぞれが得意な関連業界や中小企業に部品を発注したりして、やはり農民の細かい注文に応えている。いってみれば自動車業界と同じような産業構造になっている。それを国がバックアップして新規参入させるというのである。もしも農業が成長産業で儲かるならとっくに新規参入企業が増えている。衰退している産業相手では儲けも少ないから新規参入がなかっただけの話だ。

通常、法案化がなされるのは、国民なり農民なり業界なりから強い要請がある場合である。ところが、関係業界からそういう声が少しも聞こえてこない。上から目線で一人よがりの「お節介」法案なのだ。

将来有望な輸出産業になると見込まれる農機具業界

ここでも韓国と比較され、高いといわれるが、当の韓国農民は少々高くても故障が少なく長持ちし、サービスも行き届く日本の農機具を買っている者も多い。肥料同様、質が違うのである。アジアの近隣諸国で日本と同じように稲作の機械化が進んでいる国はない。従って稲作関係は国際比較はしにくく、割高になっていることは事実である。農産物輸出ばかりが宣伝されているが、農機具業界は稲作関係の輸出市場が拡大していくことが見込まれる有望産業である。

兼業機会をつくりだすための農機具購入

狭い耕地面積しかない兼業農家が年に2～3日しか使わない高い農機具をなぜ買うのか。いつも聞かれることである。農作業には適期があって、作業は集中する。だから、農業収益でとても採算が合わなくとも農機具を揃えざるをえない。およそ経済人とはいえない行動をとる。

これは農家が農業だけで収入や家計を考えているのではなく、農家全体として考えているからである。

少々学術的になるが、このことを生産費の調査で見ると見事に説明できる。一時、肥料を凌いで農機具費が生産費の最大の割合（30％前後）を占めた。ところが、労働費、農機具費の合計は約60％強とほぼ一定している。つまり、兼業農家の高価な農機具の購入は、農業労働時間を少なくし、兼業機会を得るためのものだったことを、この数字が説明しているのだ。

時代遅れの「規模拡大偏重」法案

農業は、日本の産業構造の変化に合わせて見事に対応し、農民は農村地域社会に住み続け、地域の安定に貢献してきたのである。それを我が国の農政は口を開けば規模拡大の大合唱で、兼業農家に農業をやめてもらい、農地の専業農家への集積を叫び続けている。しかし、中山間地域では大区画は無理である。

まだ長野県のように果樹・野菜が中心だと夫婦が揃っていてもせいぜい２haが限度である。新潟の平野部ならば、何十haの稲作も可能だが、それでも田植え期や稲刈り期が集中しては農機具が間に合わないため、わざと多品種にしなければならない。農業とはお天道様と付き合いながら地道にやらなければならない産業であり、いつでもどこでも誰でも機械で大体同じ物を造れる工業とは違うのである。それにもかかわらず農水省は農業だけで物を見て、兼業農家を追い出し専業農家だけを優遇しようとしている。農家全体が豊かになることも農村社会全体が活性化することも忘れているかのようだ。

現場と乖離した規制改革会議の「二人羽織」法案

私が反対する一番の理由は、本法案が農林水産省の官僚が考えたものでも与党の自民党・公明党が考えたものでもないことにある。官邸に設けられた規制改革推進会議が注文をつけて、いやいや出来上がったものである。いわば「二人羽織」法案である。もっといえば農林水産省提出ではなく、規制改革推進会議提出法案なのだ。目的は一つ、農協、特にＪＡ全農から、農業生産資材の仕事を奪わんとする悪い意図があるだけだ。

農業所得増大を忘れた「羊頭狗肉」農政

農機具で見ると、農業資材は他の資材と比べてそれほど農協の占有率が高くない。しかし、ＪＡ全農は農民の立場に立って、寡占状態になった農機具業界と交渉して、少しでも安く提供するのに大事な役割を果たしてきたのである。もしＪＡ全農がなければ、もっと高い農機具を買わされていただろう。それをＪＡ全農に代わって企業がもっと強欲に農民を儲けの種にせんとする邪悪な法案なのだ。アベノミクス農政は農業所得を減らし、経済界に儲けさせる「羊頭狗肉」農政である。

3章

食料安全保障の要・種が危ない

種を制する者（国）が世界を制す、と言われる。その種が日本ではないがしろにされつつある。主要食料の種や遺伝資源は、国が全責任を持って確保しなければならない。

多国籍企業の儲けの「タネ」は種

（２０１７・４・14）

私は30年農林水産省に勤めたが、廃止法案というのはそんなにお目にかからなかった。なぜなら、次の施策が必要となり古い法律が時代遅れとなると、新しい法律をつくると同時に古い法律を附則で廃止していたからだ。それを農水省は今国会で主要農作物種子法と農業機械化促進法の二本を廃止法として提出してきた。異例である。

世界が種に向いている

今日本の世界的産業というとトヨタ、日産、ホンダ等が控える自動車産業だろう。他にシャープや東芝という衰退企業もあるが家電業界もある。世界はと見ると相変わらず石油業界が力を持っているが、石油化学業界は、農業化学品（農薬、肥料）からアグリビジネスに手を染め、その延長線上で枯渇する石油から永遠に続く種に主力を移し始めている。当初、アメリカが始めたＴＰＰで最も力を入れた製薬業界も巨大になりつつあるが、最近の目玉は生物製剤すなわちバイオ医薬品である。

そして世の中は、次の時代の儲けのタネを探して鵜の目鷹の目である。かなり前にモンサントがアメリカの種子会社を買収している。

ところが最近そのモンサントがスイスの巨大医薬品・化学品メーカーのバイエルに買収された。その買収額は660億ドルと史上最高だった。これより先に巨大な二つのアグリビジネス社、ダウ・ケミカルとデュポンが合併しており、更にもう一つ大手シンジェンタが中国化工集団（ケムチャイナ）に買収されている。つまり、世界の企業が次の儲けのタネとしてバイオに、そして種に注目しだしたのである。農業界では「種子を制する者が世界を制する」といわれたが、それがあらゆる業界に広まっている。

除草剤の耐性品種からターミネーター

モンサントのやり口を見れば、種を制すればボロ儲けできることがよく分かる。もともと化学会社で除草剤や農薬をつくっていたが、自社の除草剤にびくともしない遺伝子組み換え（GMO）種子をつくりだした。大豆のラウンドアップ・レディである。こうして農民に種子と除草剤をセットで売りつけ、毎年モンサントから多額の生産資材を買わないとやっていけない農業・農民をつくりあげたのである。

更に悪いことに、勝手に飛んできた種で育ったのに、無断で自社のGMO種子を使ったと賠償金をふんだくっている。その一方で、自家採種をさせないためF_1（一代雑種）種子ばかりつくることになり、農業・農家をますますがんじ絡めにしていく。いわゆるターミネーター・テクノロジーである。

これがアメリカにとどまらず世界に広まっていき、日本にも手が伸びてくることは必至である。いつか米の種子が、すっかりバイエル(モンサント)に支配されている恐れもある。中村靖彦著『種子は世界を変える』の「モンサント社の戦略」に詳述されている通り、モンサントはしっかりと日本を標的にしてとっくの昔から研究開発を続けてきたのである。

公共の財の種を民間企業に明け渡す愚

日本は種の重要さを分かっており、1952年主要農作物種子法を制定し、幾多の改正を経て、米、麦、大豆の主要農作物について国と県が大きく関わって種の供給をしてきた。優れた特性を持った品種を奨励品種に指定し、都道府県など公的機関が定めた圃場で種子を生産し低価格で農家に種子を提供してきた。

ところが、経済界は奨励品種制度が民間育成品種の採用を妨げ、民間による新品種開発を阻害しているとして、度々規制緩和を要求してきた。今回、こうした要望を受けて前述の規制改革推進会議の「二人羽織」法案、農業競争力強化支援法案とともに主要農産物種子法の廃止を打ち出してきた。それればかりでなく、8条で「民間事業者が行う種苗の生産及び供給を促進するとともに、公的試験研究機関が有する種苗の生産に関する知見を民間事業者へ提供することを促進する」

としている。

何という愚かな改悪か私は目を疑った。ずっと日本国の税金で、まじめな研究者と農民が一緒になって育成してきた米の種子が、外国企業の手に渡り、生物特許やＵＰＯＶ（植物新品種保護条約）によるＰＶＰ（植物品種保護）で独占権を与えられ、日本の農業が外国大手アグリビジネスに牛耳られる途を開いたのである。

独占種子会社が種代を吊り上げる

コシヒカリは福井県の農業試験場で開発され、日本中に広まった。各都道府県の農業試験場は今も県産ブランドの開発に力を入れている。しかし、県の農試がこれで種代を高くしても暴利をむさぼることはできない。ところが８条は、この米の種子の遺伝子に関する知見を民間産米・みつひかりを開発した三井化学アグロに渡せということなのだ。そうなると公共研究機関が開発した品種を基に新品種を改良して高い価格で売りつけることになる。現に、今も業務用米のみつひかりの種子は20kg当たり８万円と北海道のきらら３９７の７１００円の10倍以上である。これがバイエル（モンサント）等外国企業に渡ったらもっと悲惨な目に遭うことになる。値段を上げられるだけでなく、突然供給を止められたりすると食料安全保障の面から見てもゆゆしき問題だ。生産資材の価格を下げ、流通経費を少なくして、農業競争力を強化しようという立派なお題目の法案が、いつのまにか「大手種子ビジネス強化支援法」になっている。

農民は単なる儲けの道具としか考えられない大手アグリビジネス

アメリカは、ガット・ウルグアイラウンド（多角的貿易交渉）において自ら物を作ることをそっちのけで、サービス、金融・投資、知的財産で儲けようとしていた。いわゆる新3分野である。ところがあまりうまくことは運ばなかった。そこで次はTPPでアメリカの特許法の条文をそのまま引用する形で、知的財産権の強化を図らんとしていた。つまり、アメリカは前述のモンサントの例に見られるように、農業も工業も知的財産権で首根っこを押さえんとしているのだ。要は汗水垂らして働く農民の資材を牛耳り、虚業で儲けようという魂胆である。トランプ大統領の出現で、その野望は再び頓挫したが、大手アグリビジネスには、国民も農民も生命も環境も眼中にない。あるのは儲けだけである。

植物が無から有を生じる、真の生産を担う

種子は、民間企業のものでも、一農民のものでもない。農民にも国民にも大事な「公共財」なのである。国や県が責任を持って育成し、維持していかなければならないものである。それを日本は民間ビジネスに放り投げんとしているのである。

世界の情勢は全く逆に動いている。種子を国を挙げて集めている。遺伝子組み換えも元になる遺伝子がなければ組み換えできない。人間は植物由来の食べ物に準拠して生きていかねばならな

い。太陽エネルギーで無から有を生じさせてくれるのは第一に植物である。だから大切なのだ。主要農作物種子法は廃止ではなく、「農作物種子法」と名称を変え、他の主要な作物にまで対象範囲を広げ、国家が日本国民の食料安全保障のために、日本の気候・風土に合った種子を確保していかなければならない。種子は「農業の戦略物資」である。

自家採種でなくともせめて自国採種が必要

私は、冬に氷の張った樽を割って出して食べる野沢菜漬けが大好物である。この野沢菜漬けの元は坊さんが京都からもたらしたといわれている。

何年にもわたって北信州の気候・風土に合うべく種が変わり、その適した種を農民が選別してきたのである。GMO種子と違い、何百年もかかって作り上げられたものである。同じように広島に渡ったのが高菜（広島菜）になったそうで、元は同じだという。私の記憶では、我が家の農業でもマクワウリもキュウリもスイカもトウモロコシも自家採種だった。つまり、種は自家採種が当たり前だったのだ。

ところが、いつの間にか種はきれいなカラーの袋に入った購入種に変わった。日本には、タキイ、サカタ、カネコ等世界的に見てもトップレベルの種会社がある。だから、種を他人の手に任せることに何の疑問も感じなくなっている。ただ、これに危機感を抱いているグループもある。日本有機農業研究会であり、重要な活動の一つが自家採種である。米・小麦・大豆は趣味の花や代替の利く野菜の種と違うのだ（世界の種子市場は3兆円、うち穀物が9割）。せめて「自国採種」にしておくのが当然であり、外国採種は控えないとならない。

日本は国を挙げて種の品種改良・研究開発をすべし

多国籍アグリビジネス（農業バイオ企業）は、まず種子の寡占化をやり遂げ、次に遺伝子情報を囲い込み、知的財産権で世界の種子を独り占めしていくに違いない。これに対応するには、日本は国を挙げて種の品種改良研究開発をしていかなければならない。何でも自由化で食料自給率を平気で下げるばかりか、農業の根幹である種まで外国に委ねて改革だと悦に入っているノー天気振りに呆然とするばかりである。私は、世界の潮流と逆行し、規制改革推進会議の言いなりの最近の農政に怒りを覚えている。

これでは日本はますます危うい国になっていく。軍事安全保障とエネルギー安全保障（原発）にだけは異様にこだわるのに、日本国民の生命を繋ぐ食料安全保障には全く無関心なのだ。北朝鮮がミサイルや核兵器にうつつを抜かしながら、食料でガタついているのになぜ気付かないのだろうか。このアンバランスは是正していかなければ、日本は潰れてしまうと心配している。

優良品種の海外流出防止のための農家の自家増殖禁止は本末転倒

（2020・11・20）

2020年11月19日、問題だらけで我が国の農業を根底から揺さ振り、将来に大きな禍根を残す種苗法改正案が衆議院を通過した。遅ればせながら、本法案がいかに危ういかを明らかにすべく、報告する。

アベノミクス農政は、農業の現場を無視したものばかりであった。農協法や農業委員会法をいじり、理事に経営の分かる者を選べとか農業委員に認定農業者をとか介入した。規制改革といいながら、自主運営している農業協同組合の理事の選任にまで口を挟んだのだ。自己矛盾以外の何物でもない。ひどい法律だが組織法であり、農民に直接害を及ぼすものではなかった。

「許諾が必要」は「禁止でない」という詭弁

ところがその暴走が進み、とうとう農民や漁民の農業や漁業の活動にまで直接介入し出した。

2018年秋の臨時国会の漁業法改正で、漁業権を有効かつ適切に行使していないという不鮮明な基準で漁業者に漁業権を許可しないという悪法を成立させた。漁民から海を奪う悪の法律である。そして、今回は種苗の海外への流出を抑えるということを口実にして、農家の基本的権利である、種の採種・自家増殖を禁止するというのだ。農水省は「許諾を必要とする」が「禁止ではない」と見苦しい詭弁を弄している。許諾の「許」は許可の許と同じであり、育成権者の許可がなければ、自家増殖ができないのだ。つまり、今まで原則自由に自家増殖ができたのが、全く逆に原則禁止となったのだ。後述するように、農林水産省は、登録品種の自家増殖に育成権者の効力が及ぶ植物の種類を順次拡大してきている。

その一方で、農地の企業所有という経済界の要求も続いている。農民から種と農地を奪う算段なのだ。だから私は種苗法改正に断固反対している。

登録品種の海外流出は、農家の自家増殖が原因というあらぬ決めつけ

山形のサクランボ「紅秀峰」がオーストラリアへ流出したことがいつも悪例として出される。他に農研機構果樹研究所の13人の研究者が育種に18年もかかった「シャインマスカット」やサツマイモの「べにはるか」等が中国・韓国で無断で作られているということもよく例に出される。問題であるが、それが農家の自家増殖から流出したとでもいうのだろうか。少なくとも韓国はUPOV（植物新品種の保護に関する国際条約）加盟国であり、韓国で品種登録していれば、差し止めの裁判もできたはずである。徴用工問題の前にきちんと対処すべきことなのだ。それを怠っていたのは政府であり育成者である。責任逃れもいいところである。

私は海外への流出を防ぐために、育成権者が登録品種を国内利用に限定できるようにする法改正に反対などしていない。１９７８年、アメリカ留学から帰国して配属された農蚕園芸局総務課で、松延洋平種苗課長が本法の制定に剛腕を振るわれているのを多少手伝っており、私にとっても思い入れのある法律である。国内外を問わずただ乗り（free ride）を許してはならないことは十二分に承知している。だから育成者が輸出先や栽培地域を指定できるようにしたり、違反者への罰則を強化することには大賛成である。しかし、突然農家の自家増殖を全面禁止することに結びつけるのは飛躍しすぎである。一罰百戒よろしく原因ともなっていないことを禁止して、種苗の海外流出を防げるというのだろうか。

和牛遺伝資源保護法が先にあるが、これは冷凍保存しないかぎり輸出できないので空港等でも判別しやすい。これに対し、種も枝も簡単にポケットに入れられる。また正規に輸出されたものから種を取り出すことも可能である。海外流出を防ぐためには、こうした抜け道をふさぐ方策を論ずるのが先である。更に、日本から流出したといわれる品種から、新品種を開発されても、仕方のないことなのだ。そこが工業特許と異なる点である。

今頃２年後に１００品種登録という怠慢

今のところ、唯一最大の防御策は海外での品種登録であり、それをもとに育成権者が無断栽培に目を光らせて訴えたりして権利を行使することであり、それ以外に有効な手段はない。ところが、日本は野菜や果物で優良品種を抱えていると誇りながら、海外での登録をしてきておらず、今頃になってやっと出願経費の半額補助を始め、２０２２年までに１００品種の登録を目指すといった体たらくなのだ。ようやく２０１７年に開始された海外出願支援予算により登録された品種は18年９件、19年56件にすぎない。つまり育成権者も政府も種に関してきちんとした戦略もなく、今まで殆ど何も手を打ってこなかったのだ。

すべてを育成権者と農家の許諾契約に丸投げするのは無責任

怠慢のツケを、なんと農家に回して自家増殖全面禁止というとんでもないことを言い出した。農林水産省は、あとは育成権者との許諾契約で自家増殖をするかどうか決めると、現場に丸投げする無責任な対応である。後述する３６９品種は自家増殖が全面禁止されるが、他の品種は今のところ原則禁止で許諾されるかどうかは育成権者に任され、農家は宙ぶらりんの状態に置かれているのだ。

更に、育成権者は国や都道府県の公的機関であることが多く、自家増殖を認めないことは少ない、許諾料も農家経営を圧迫するほど高くはならない、と言いくるめているが、規制改革推進会議等官邸が大好きな民間がどんどん増えていく。民間企業は許諾しなかったり、許諾しても高い許諾料をとることが目に見えている。それに農家がいちいち許諾料を払うとなると、事務量は膨大になるし、一体誰が自家増殖しているか否かをチェックするのだろうか。許諾制による網掛けがどうして海外流出に結びついていくのだろうか。特許制度は難しく、その履行はもっと手間がかかり、なかなかうまくいかないことが分かっていない。本法改正は、練られた形跡が見られない雑なものとなっている。

外国由来登録件数が急増する理由

この怠慢振りは、我が国の登録件数に占める外国人の登録件数の増大振りと比較するとよく分かる。2001年は登録件数が初めて1000件を超えたが、その頃から外国由来が急増し始め、2017年には全登録数のうち外国育成が348件（48％）、外国の居所での登録が287件（36％）と4～5割を外国育成権者が占めている。2018年まで2万7396件の登録のうち、8677件（32％）が外国育成で、6042件（22％）が外国人の登録がされている。諸外国が日本を種の有力市場として虎視眈々と狙っているからである。海外からの登録は、現在8135件のうち2231件と27％を占めるが、その大半2111件が花・観賞樹である。食用作物は185件（2％）にすぎない。外国人登録はてっとり早い金儲けが中心であり、基幹的作物はまだ国内が大半という状況にある。

品種登録の作物分野別の内訳を見ると、花き・観賞樹が2万923件と78％も占め、特に種苗会社がそのうち1万2936件と6割を占めている。一方種苗会社は、儲けの少ない食用作物は都道府県720件、国416件に対して52件と、1割以下でしかない。

日本の種苗会社は稼げるぜいたくな花・観賞樹に特化しているのだ。だから、食料安全保障を考えたら、外国も民間の種苗会社もあてにならず公的機関に頼る以外にないということである。

国際条約は農家の自家増殖を認めている

育成者権の保護のためにできたＵＰＯＶ（植物新品種保護条約）さえも、一応許諾を原則としているが同時に農民の権利として自家増殖を認めている。だから、上記のように各国とも実質的には大半の基幹作物（食料安全保障にかかる穀物や油類作物等）を許諾の例外として自家増殖を認めているのだ。また、ＩＴＰＧＲ（食料・農業植物遺伝資源条約）では、農業者の権利を保護促進すべきとし、さらに「種子、繁殖性素材を国内法に従って適切な場合、保存、利用、交換、販売する権利を制限しない」と規定している。つまり、有機農家の種苗交換も農家の自家増殖も認めるべきというのだ。そして、この二つの国際条約に日本は当然加盟している。

２０１８年国連の「小農の権利宣言」に日本は棄権している。そこには「小農と農村で働く人々は種子への権利を有する」「種子政策、植物品種保護、知的財産法に小農と農村で働く人々の権利、ニーズ、現実を尊重し、それらをふまえたものとする」とされている。

今回の種苗法改正はこれらの国際的な流れとは明らかに離反している。それに対しＥＵは登録品種しか種子販売ができない中、こうした流れに沿って生産量が92ｔ以下の穀物農家には許諾料を求めないとしている。また、有機農家は自由に種子販売ができるように例外にしている。

接ぎ木に許諾料を取るという悪法は許されず

（2020・11・20）

2004年からの自家増殖禁止に着手

種を巡る法律改正の動きは2016年10月、規制改革推進会議農業ワーキング・グループと未来投資会議の合同会議で種子法廃止が初めて提起されて始まった。そして1年半後の2018年4月に廃止されるスピード決着である。

一方、自家増殖については、その12年前2004年に「植物新品種の保存に関する研究会」において、自家増殖に原則として育成権者権を及ぼす検討を始めている。更に11年後の2015年自家増殖に関する検討会を何回か重ね、登録品種の自家増殖に育成権者の効力を及ぼす植物の基準を定め、徐々に拡大してきている。つまり、種子法、種苗法はセットで動いていた。海外流出を防止するというのは、後からとって付けた都合のいい口実にすぎない。

農林水産省は、種子法の廃止と違ってあくまでも農林水産省が官邸の指示ではなく、自ら検討してきたと強調しているが、相当官邸に引っ張られているのだろう。

３９６品種の自家増殖禁止を一挙に全８１３５品種に拡大

その結果を受けて２０１７年から種苗法の施行規則を大幅に改定して禁止品目を従来の82から４倍弱の２８９に拡大している。そこに種子繁殖で対象になっていなかった一般的な野菜であるトマト、ナス、ダイコン、ニンジン等も突然禁止されるようになった。２０１９年には種苗法検討会を全６回開催し、禁止品目を更に拡大し２０２０年に種苗法改定案を国会提出した今は３９６を禁止品目にしている。つまり、ネガティブリスト方式をとってきたが、今回一挙に８１３５全登録品種を禁止する暴挙に出たのである。

農林水産省は、禁止品目を徐々に拡大しその理由をＡＢＣＤの四つに分けて説明している。基本的には栄養繁殖をする植物の自家増殖を禁止することとしている。

その中で増えているのは、Ｃの「新たに栄養繁殖による自家増殖が開始されているか開始される可能性がある植物」である。かつて種子繁殖が大半であった、ダイコン、ニンジン、ナス、トマトといった野菜もクローン技術の進歩等があり、栄養繁殖される恐れが生じたため禁止品目になっている。なお、ゲノム編集による種子は農家が自家増殖できるので、すべてを対象にしないとならなくなる。これが最近大手種苗会社が自家増殖に網をかぶせんとしている理由の一つかもしれない。見苦しいのは、Ｂの「現在有効な登録品種がない植物」も禁止品目にしていることだ。つまり保護すべき育成権者がないにもかかわらず先手を打って自家増殖を禁止するとしているのだ。これは今後はすべて禁止にすると宣言していることと変わりはなく、それが今回の法改正に直結している。

農民の自助による品種改良の道を封ずるのか

今回のこの法律は育成権者の保護ばかりが前面に出過ぎており、農家が今まで自由に品種改良したり優良な種を選んできた道を狭めることになっている。実は、農民自身育成権者なのであり、農家育苗者と呼ばれている。

長野県では信州りんご三兄弟といわれる、秋映（あきばえ）、シナノスイート、シナノゴールドを売り出し中である。シナノゴールドは長野県果樹試験場が開発し１９９９年に品種登録されているが、秋映は私の地元の中野市の農家・小田切健男氏が開発した品種である。全登録品種のうち農家（個人）が26％の７０７４件も占め、特に果樹は５７０件と都道府県の３３９件を凌ぎ第１位を占めている。これは、果樹では農家が自家増殖の延長で新しい品種をつくりあげていることを物語っている。

農家が育ててきた品種の例でいえば、野沢温泉村の健命寺の住職が１７５６年に大阪の天王寺蕪（かぶ）を持ち帰り、雪深い北信濃で年を重ねるうちに、肉質がやわらかく漬け物にぴったりに出来上がってきたのが野沢菜と言われている（ただ近年の遺伝子学では否定されている）。このように多くの地域特産物は気候風土に合わせて農民が品種改良してきたのである。コロナ禍の中でウイルスの変異が取り沙汰されているが、種も環境に適合するため変わり、それが新しい品種に結びついているのだ。そしてそれを探し出すのは農家に他ならない。

生物多様性を維持することが大切になってきているが、日本は農家が多様な作物、食文化を守り育ててきたのである。それを種の世界で多様性を削ぎ、単一化せんとしている。アイルランドは、1845年～49年の間に単一のジャガイモの不作により飢饉となり、多くがアメリカに移住せざるをえなくなっている。今後予想される気候変動に対処するためにもよりバラエティーに富んだ強靭な種が必要だというのに、日本は逆に大手種苗会社の単一種という道に進もうとしているのである。優良な登録品種に特化していくのは、食料安全保障の観点から見てもあまりに危険過ぎる。

近年の登録件数減少の真の理由

1978年の種苗法制定以来、品種登録件数は毎年増え続け、2007年に1432件と最高を記録したが、その後は減り続け、2018年には652件と半分以下になっている。

そして今回の改正は、育成権者の保護により、品種改良を支援しようという狙いもあり、農家の自家増殖を禁止して育成権者にその後の品種改良の資金を与えようともしている。それはそれで一つの道だと思うが、農家の許諾料が育成権者に渡ったところで、それほど足しにはなるまい。

全体が減る中で、国や都道府県の公的機関の出願がそれぞれ25％減、54％減と最も急激に減っている。その理由は我が国の止まらぬ国と地方の定員削減にあり、農業分野がその標的となり、中でも「不要不急」の試験研究部門が特に減らされているからである。つまり、品種登録数の減少は、よってたかって農業分野の定員や予算を削り続けてきたからに他ならない。

我が国の総合的育種力を増大させるには、花・観賞樹中心の民間種苗会社よりも、公的機関へのテコ入れが必要である。さもなければ、食料安全保障がおぼつかなくなる。

今でも登録品種の割合はかなり高い

農林水産省は更に言い訳を続け、登録品種は少なく、例えば稲作では僅か16%くらいであり農家への影響は少ないという。しかし、今は少なくても今後登録品種が急激に増えていき農家の種代が高くなり、農業経営を圧迫することになる。例えば、コシヒカリは一般品種であり、いくらでも自家増殖できるが、新潟県産コシヒカリの97%を占めているコシヒカリ新潟ＢＬは登録品種であり、許諾が必要になってしまう。新潟県では85%が登録品種となっている。

それから、それぞれの地域が力を入れる地域特産物は圧倒的に登録品種が多い。ろくに栽培されていない品種を母数にして、登録品種は僅かだとごまかしているが、北海道の小豆は99%、大豆は86%が登録品種である。沖縄のサトウキビも半数以上が登録品種である。登録品種と一般種を数で比較すると前者は１割に過ぎないが、栽培面積や生産額でいえば、相当登録品種の割合が高くなっているに違いない。それを数の割合だけで少ないとごまかしているのである。この点は衆議院農水委の参考人質疑で、ずっと種の問題を追い続けている印鑰智哉氏が厳しく指摘している（数字は「現代農業」2020年11月号から引用）。

菅政権の看板「自助」「規制改革」と大矛盾する農家の自家増殖禁止

農家にいちいち許諾契約を結ばせ、そうでなければ自家増殖できないというのは、典型的な「角を矯めて牛を殺す」類である。これに対し、法律上は育種のためには自由に自家増殖できるという反論が返ってくるが、農民が育種のために増殖などするというのだろうか。次期作によい種や枝ぶりのよい枝を選択しているうちに、よい品種に突き当たることが大半である。このような反論は机上の空論も極まれりと言わねばなるまい。

農家が自家採種なり自家増殖ができないという今回の種苗法改正は、農民の創意工夫を封ずるものである。菅義偉首相は、「自助」を強調しているが、自ら種を採ることを禁止し一気に「民助」（民間の助け）にせんとしているのである。しかし、民間会社は種を高く売らなければならず、なかなか農民を助けてはくれまい。また規制改革も大方針とするといいつつ、大きな規制の網を農民にかぶせているのである。ところが、菅政権は金看板に対するこの二つの大きな自己矛盾に気付いていていない。

主要食料の種はみんなのもの国のもの

（2020・11・21）

自立する有機農家は自家採種にこだわる

2015年の農林水産省の実態調査では5割以上の農家が自家増殖している。更に私が深く関わってきている日本有機農業研究会は、有機農家間の種苗交換会が始まりである。つまり自家採取は次期作のために不可欠なものである。

現在、高収益作物次期作支援事業の条件変更が農業現場で大問題になっている。一方でコロナ禍でも農業が続けられるように支援をしようとしているのに、片方で自家採種を禁止し、次期作を妨げようとしているのである。この矛盾にも気付いていない。

生物・遺伝資源は「民から官」への移行が必要

日本は、種についても民間に任せんとしているが、各国とも農民がおいそれと品種開発できないので、国なり地方自治体なりの公的機関が中心に品種改良している。

安倍農政は2013年の施政方針演説で「日本を世界で一番ビジネスしやすい国」にすると述べ、農政もそれに沿うような形で進められてきた。その最悪の法律が「農業競争力強化支援法」である。

これは種苗、農機具等の農業資材会社の競争力の支援法にすぎず、農家側から見ると「農家弱体化促進法案」でしかない。一番問題になっているのは第8条4項であり、公的機関で得た知見を民間の会社に開放するということが規定されている。明治時代と同じく官有物を民間に払い下げようというのである。

150年の時空を越え、21世紀の令和の時代に種子の分野で官から民への移行をするのは時代錯誤も甚だしい。

アメリカでは巨費を投じた軍事研究の成果が民間を裨益(ひえき)する例が多く見られるが、種子の分野は全く異なる。世界は種子なりバイオの重要性に気付き、むしろ国を挙げて生物資源なり遺伝子資源の確保・囲い込みに乗り出しているというのに、日本は全く逆の方向に動き出しているのだ。我が国がすべきは、種子の「民から官」への移行なのである。さもなければ、日本の種はグローバル企業に牛耳られ、農業や食料の喉元を押さえられることになってしまう。

民優先のアメリカでも、品種開発は州が担う

アメリカは何でも民間と勘違いしているが、全く事情が異なる。各州にはLand-Grant

University と言われる州立の○○ State University（州立大学）があり、そこには必ず農学部があり、その州の農業について研究開発から技術普及まで中心的な役割を果たしている。いくら大平原だらけのアメリカでも地域によって気候が異なり、その州に合った種を開発していかなければならないからである。そして、農家は小麦や大豆などの主要作物の種の大半をこうした公的機関から調達している。

日本はそれと比べればずっと気候が複雑で、山一つ隔てたら新しい種が必要になったりすることもあることから、アメリカよりもずっとバラエティーに富んだ種が必要となり、それには地方自治体の試験研究機関が対応するしかない。

だから、種子法廃止後、２０１８年3月の兵庫県を皮切りに28（２０２１年6月30日）の都道府県で種子条例が制定されているのだ。国が責任を放棄する中、地方自治体が危機感を抱き、手を打っているのだ。長野県は種子法の範囲（米、麦、大豆）を超えてソバ、アワ、キビ、小豆、伝統野菜の種子供給も盛り込んでおり、見事というしかない。

愚かな政府、冷たい政府の尻拭いをする都道府県のこのような条例はいまだかつてないことであり、今後の地方自治の見本となっていくかもしれない。新型コロナウイルスの対応でもしっかりとした知事のリーダーシップの下、政府よりも都道府県のほうが理に適った対応をしていることが多く見られたが、もしこのようなことが続くとしたら、それこそ地方分権を更に進めなければなるまい。

筑波の研究者の気高いモラル

次に試験研究、品種登録のモラルについて触れたい。私が農林水産技術会議事務局のナンバーツーだった頃、農水省の試験研究機関もすべて独立行政法人化し、研究費を自らで稼ぐのが国の大方針だった。種でいえば、農林水産省の筑波の研究所で開発された品種を、種苗法の下で登録して、そしてその登録料で研究開発費を稼げというのだ。そして、職務育成品種といえども、開発した研究者個人にも特許料（この場合は品種登録料）が入る仕組みも考えられていた。

それに対して筑波の研究者は、自分の好きな研究を給料をもらいながらやらせてもらっただけで十分、まして農民からお金を徴収するのは潔しとしない、自分が研究開発したものを一日も早くみんなに使ってもらいたい、という健気な考えの持ち主だらけだった。研究者のモラルの高さ、公徳心に脱帽し感動を覚えた。

その点では、日亜化学工業の研究者で青色発光ダイオード（ＬＥＤ）をつくりあげた中村修二氏と大きく異なる。彼は研究開発の成果が会社だけに属するのはけしからん、と訴訟を起こし、それがきっかけとなり２００５年に知的財産高等裁判所ができている。また、２０１５年の特許法改正では、特許を受ける権利は発生時から使用者に帰属することとされ、従業者は相当の利益を受けるだけとされている。

特許を放棄して中南米・アフリカの風土病から数億人を救った大村博士

もう一つ特許のことで言えば、大村智ノーベル生理学・医学賞の受賞者の美しい話もある。大村博士は、製薬会社のメルク社と産学連携し特許契約を結び、250億円の特許料を得たものの、その多くを北里研究所の研究費に回し、病院も造り、生まれ故郷の山梨県韮崎に7億円もかけて美術館を造っている。つまり社会還元である。そして大村博士は、「私は微生物の力を借りただけだ」とあくまでも謙虚である。

大村博士は、微生物から動物の疾病に効くイベルメクチンを抽出し、視力が失われてしまうオンコセルカ症（河川盲目症）に効くことが判明した。そして、その人たちを救うことになる薬メクチザンを作りだし、中南米やアフリカの人たちのために特許を放棄したというのである。そのために多くの人たちが安く薬を手にすることができ、視覚障害者にならずにすんだことからノーベル平和賞にも値すると言われていた。これを農業の世界、種の世界に当てはめるとすれば、水が半分で育つ優良種子で砂漠周辺の多くの人が飢えから解放されるなら、その品種登録の育成者権を放棄するというものである。

こういうことを忘れて、やたらと育成者権の保護ばかり喧伝するのはバランスを欠く。特許といった概念は人間が作ったものであり、25年なり30年が経ったら誰でも使えるようになるが、私はその長さはものによって違いがあってよく、例えば米や小麦といった基幹的作物は短く、花や観賞樹は民間に任せて年数が長くなってもかまわないのではないかと思っている。工業製品と農産物は扱いを異にすべきだが、同じ農産物でも違いがあって然るべきである。

医療、食料は特許の例外にすべきという主張の合理性

こういうことに関連して言えば、UR（ウルグアイラウンド）の後半BRICS（ブラジル、ロシア、インド、中国、南アの新興国）は、命に関わる医療と食料の分野については特許の例外とすべきであるという主張をし出した。私は最初にその主張を聞いた頃は、すぐには理解できなかったが、大村博士の例を考えてみると、むべなるかなと思うようになった。視力を失うことを防ぐための薬が高額な特許料を加味した薬では、貧困にあえぐ人々には行き渡らない。今、コロナ禍の中で、ワクチンが特許により高額になるとしたら、世界は受け入れまい。

コロナウイルス感染症ワクチンや治療薬は特許制限が妥当

今、日本でもコロナの第三波が猛威を振るっている。各国とも、ワクチンや治療薬の開発に全力を挙げている。そうした中、ワクチンの完成間近の米医薬品メーカー・モデルナは、パンデミックが続く間は特許権を行使しないと表明している。いずれライバルのファイザー社等も追随してくると思われる。

これとは別に、特許技術を第三者が許可なく使える「強制実施権」という制度がある。これは

ＷＴＯ（世界貿易機関）でも認められており、世界中が困っている今はこの制度が生かされる絶好機であろう。特許料は高すぎて治療ができないという事態は避けなければならないからだ。あとは、通常に戻った時の製薬会社への補償の問題である。
だとすれば、常時食料不足にある世界を救うためには、せめて穀物や油糧種子は恒常的に特許の例外としてもおかしくない。それを農家の自家増殖を認めないなどと、育成権者ファーストばかりを追求していたら世界から相手にされなくなってしまう。

（２０２０・11・22）

種の国内生産は食料安全保障の要

江戸時代から続く「隣百姓」

江戸時代、青木昆陽がサツマイモを救荒作物として広めたと言われている。サツマイモは典型的な栄養繁殖で簡単に作れるもので、小学校の学童農園でもよく使われている。日本人の好奇心や技術力は大変なもので、江戸時代でもどこでも簡単に作れることから、３年で関東など各地に広まり、飢えから救われることになった。農業の世界では、昔から隣のやり方を真似する「隣百姓」という言葉がある。

今では農業の世界では隣が広がり、あちこちの優良事例を見て歩く先進地視察が頻繁に行われており、優れた技術やノウハウはすぐ広まっていく。農業はそういう手法があっても良いのではないかと思っている。つまり工業の世界の特許の考え方をそのまま当てはめるわけにはいかないのだ。

いずれは伝統野菜や在来種もことごとく登録品種になる恐れ

他に問題にすべき条項として35条の2があり、登録新種が特性により明確に区別されない品種の場合は、侵害品種として推定すると、育成権者に有利な規定が置かれている。権利侵害訴訟になった時、その権利を侵害しているという証明はなかなか難しいということでこういう規定が設けられている。更に、農林水産大臣も関わる規定が置かれている。しかし、これだと権利者側が有利になって悪質な権利侵害訴訟が増えることが予想される。

つまり、今後は在来種がちょっと変わっただけなのに、自分の新しい種苗だと言ってくることになる。恐ろしいことに地域の伝統的な品種であるにもかかわらず、新しい品種に改良したとして登録品種にし、結局登録品種の網で農家の自家増殖もできなくなることになるということである。これでは農家はやっていられなくなる。農林水産省は大半が一般品種であり伝統野菜等が登録されることはないというが、10年もすれば次々と登録されてしまう恐れがある。

国際条約も欧米先進国も農家の自家増殖は当然の権利として認めている

だから、ＥＵ種苗法で飼料作物・穀類・馬鈴薯・油糧作物・繊維作物等は許諾料を支払うだけの例外作物として自家増殖を認めている。フランスはそれに加えて豆類や緑化植物まで認めるようになっている。アメリカも特許法では自家増殖を認めていないが、植物品種保護法では例外植物を認めている。

つまり、食料安全保障にかかる主要作物は例外とされているのだ。日本と比べて規模の大きな穀物農家が自ら次年度の種を毎年購入したり、許諾料を払っていては経営が圧迫されるのは目に見えており、そんな不都合は許されない。それを日本は一気に自家増殖を禁止するというのだ。異様である。この法律はこの一点について明らかに行き過ぎているのだ。

天然の隔離地域、中山間地域で種の生産振興は活性化の起爆剤

大半の皆さんがお気付きだと思うけれども、野菜の種の袋を見るとすぐに分かる通り、殆どが外国で作られている。

これは工業分野で人件費がかさむことから手間のかかる部品を中国や東南アジアに任せ、それを輸入して日本で組み立てて日本製品にしているのと同じで一種のアウトソーシングである。農業界でも労賃の安い外国に種の生産を委ねてしまったのである。

もう一つ、近くで似たような品種が栽培されていると、その花粉が飛んできて交配が進んでしまうから、ある程度離れた土地で種をつくらなければならないということである。このため日本でも種の生産は、天然の隔離地域ともいえる中山間地でよく行われていた。

ところが、今や日本の中山間地域は急激な人口減少でガタガタである。材木の価格が1964年の東京オリンピックの頃と比べて4分の1に下がり、経済的に成り立たないからだ。中山間地域の活性化は、山の木が高く売れるようにすることが一番であるが、猫の額のような狭い土地、急な段々畑での農業では平地とはまともに勝負できない。それならば、種の生産を外国などでせずに国が援助して中山間地域で生産すれば、それこそ中山間地域の活性化のタネにすることができるのではないか。

種の国内生産は食料安全保障の要

残念ながら、日本の種苗会社も政府もこうしたことに全く思いを馳せていない。育成権者の保護を連呼するなら、国のためそして中山間地域のために一石二鳥の援助に乗り出すべきである。行政負担がかさむと言うなら、外国からの種の輸入に課税し、それを財源にして中山間地域の種苗生産への援助に充てたらよいのではないか。

今、コロナ禍の中で、下手をすると外国から種が入ってこなくなるかもしれない。そういったことを考えると、日本に必要な種は日本で作っておかなければならず、外国に任せるわけにはいかない。

種苗価格は外国や民間に任せていたら高騰してしまう。また、大手の種苗会社の種ばかりだと画一的になり多様性が喪失されてしまう。それに対して各地方の中山間地域でその地方に合った種を作っていればそういったことにはならない。

種の世界のGAFAM化を狙う大手種苗会社

世界を股にかける大手の石油化学会社は、1973年の石油ショックを受けて、枯渇する石油にばかり頼るわけにはいかなくなった。そこに環境問題も追い打ちをかけ先が見通せなくなるなか、生物系産業に活路を見出そうとしたのである。そうして石油に代わる「儲けのタネ」は「種」にありと気付いたのだ。そこで、ICI（現アクゾ・ノーベル）、モンサント等が一斉に農業に参入し始めた。丁度良いことに農薬、除草剤、化学肥料等でもともと農業分野に馴染みがあった。種苗への参入は、モンサントの除草剤ラウンドアップに象徴されるように、自社の除草剤に耐性のある遺伝子組み換え種から始まった。そして、今は世界中を席巻しつつあり、このままでは日本の種市場も大手種苗会社に支配されてしまい、農家が高額な種を購入せざるをえなくなっていくかもしれないのだ。

種苗会社はF_1（一代雑種）の種は毎年種を購入しないとならないことに味をしめ、F_1にする必要のないものまでF_1にした。次に除草剤とそれに耐性のある遺伝子組み換え（ＧＭＯ）種子を同じく売りつけることに成功した。これで他社を寄せ付けなくすることができた。さらに二度発芽しない「ターミネーター種子」までつくりだし、毎年種を購入せざるをえない方向にまっしぐらに進んできた。つまり、農家をセールスの手間が省ける「永遠の顧客」にしてしまおうという算段なのだ。自家増殖の禁止も、その延長線上にある。

インターネットの世界ではアメリカのＧＡＦＡＭ(Google, Amazon, Facebook, Apple, Microsoft)なしに成り立たないが、大手種苗会社は種の世界のＧＡＦＡＭ化を狙っていると言える。

インドは薬にも食料にも高額な特許を認めず

この点については、インドの最高裁が遺伝子組み換えについて特許を認めない判決（モンサント訴訟）を下し有名になっている。また、前に紹介した強制実施権も、後発薬メーカーの申請により、独バイエルのガン治療薬の特許について認め、６％の料率（通常は８～50％）と低い価格で済んでいる。

このようにインドは、ＵＲ（ウルグアイラウンド）時の主張を貫き一歩先行しているが、今後は大手種苗会社から農民を守るというまっとうな傾向は世界全体で強まっていくと見られる。大手企業が種をもとに農民を支配し巨大な利益を得ようとしても、発展途上国なり農民はそれに抵抗していくという図式が定着していくだろう。日本がどちら側に立つべきかは明らかである。

木材関税ゼロ、大店法廃止・派遣法拡大に続く種二法が日本を壊す

（2020・11・26）

私が種苗法に徹底的に反対するのは、この法律が10年後20年後、日本の農業のあり方をがらりと変えてしまう恐れがあるからである。

社会が大きく変革するもとは、イノベーション・技術革新である。車から始まりテレビやラジオ、最近ではスマホ、ＩＴ（情報技術）がいえるだろう。しかし政府の間違った政策が社会の根底を揺るがし変えてしまうことがあるのだ。

丸太、製材関税ゼロが中山間地を消滅集落に追い込む

その例として一番先に挙げられるのは、1951年の丸太関税の撤廃、そして1964年オリンピック景気に湧く住宅建築ブーム時の木材貿易の完全自由化である。日本に安い外材がどっと入ってきた。代わりに国内の木材価格が急落した。

そのため、中山間地域の農民が山の手入れをしても何の儲けもなくなり、生きていけなくなったのである。その結果、世界の先進国に類例を見ないひどい中山間地域の過疎、そして人口減少

が起きてしまった。

米は守られたが、今はそれも危うくなり、農村全体が中山間地域化する恐れ

木材価格が採算ラインを割っては、山が放置されるのは当然である。そして木が捨てられると、人間も捨てられることになり、中山間地域は限界集落となり消滅集落と続き、人が住めなくなっている。一方で残された家を追いかけるテレビ番組「ポツンと一軒家」が高視聴率となっている。不思議な現象である。

その後、小麦も大豆も菜種も次々と海外に譲って日本の農村から消えていったが、農業総生産額の半分を占める米だけは死守した。それがために、辛うじて農村は持ちこたえた。しかし、その後米余りが続き、今や総生産額の20~30%に落ち込み、米すらも危うくなり、農地の維持も危ぶまれる状況にあり、農村全体が第2の中山間地域と同じ状況になってしまうかもしれない。

地方創生の近道は日本の山の木が売れること

第二次安倍内閣（2014年）で石破地方創生担当相が誕生し、国民は大きな期待を寄せた。しかし、1億総活躍、女性の輝く時代といったスローガンと同様に、殆ど空振りに終わった。コロナ前まではずっと東京の人口集中が進んで1400万人に達し、逆に地方の過疎化・人口減少は少しも歯止めがかからない。一方、日本は台風には悩まされるものの年間降雨量1800㎜と

北緯35度前後で木の成育に向いた恵まれた国である。1億2000万人の一年間に使う木材量は毎年賄えるほど木は成長をしている。

ところが、その国産材は全く利用がなされず、外国からは自国の緑を残し外国の森林を禿げ山にしている（？）と誤解されている。地方の活性化すなわち地方創生は、木が売れるようになり材木工場が復活し中山間地域に人が住めるようになることで達成される。要は政府の決断力なのだ。カジノの導入の前にどうしてこんな簡単で効果があることができないのだろうか。もし、山の木を米と同様に守り、中山間地域に人が住み続けていたら、コロナ禍の中でテレワークの地として人気絶頂になっていただろう。しかし、通信環境も悪く、見捨てられたままである。

シャッター通り化は日米構造協議を受けた大店法廃止が淵源

次に日本の社会を大きく変えたのは、日米構造協議（1989年から1990年）の結果行われた大規模小売店舗法（大店法）の廃止である。国際関係のトップ等がワシントンD.C.と東京を頻繁に往復し、日本人の慣れない抽象的な議論を重ねていた。私（国際部対外政策調整室長）は末席でこのプロセスの一端をしかと見届けた。

アメリカは、関税を下げたところで対日貿易赤字（大体600億ドル前後）はなくならないと見て、日本の制度（Structural Impediments 構造的障害）そのものを変えようと注文をつけてきていた。例えば、「系列」をなくせという。なぜなら自動車は、トヨタ、日産、ホンダとメーカーごとに店の系列ができており、家電製品も、パナソニック（松下）、日立、東芝と同じで、アメリカ企業は、新たに系列販売網を持たないかぎり日本市場に参入できないからだ。販売店が外国の会社を含め全社の車を扱うようにしろというのだ。

目の前の経済的利益に目がくらみ、日本社会の安定維持を無視した通産省のミス

日本は「産業界の米」ともいうべき車絡みは頑として受け付けず、狭い日本の道を疾走するアメリカ車が増えることはなかった。しかし、私は系列をなくすことで譲るのがベストだったような気がする。系列のままだった街の電気屋さんが、どこの社の製品も扱う家電量販店に押され次々に姿を消しつつあるからだ。

日本は、車をはじめとする工業製品の輸出しやすい環境を守るためにアメリカの過大な要求である大店法の規制緩和に応じ、象徴的な存在として「トイザらス」というおもちゃのスーパーの進出を認めたのである。そして2000年には大店法が廃止された。その後続いた日本の大型スーパーの地方都市近郊への進出は、日本中の商店街をことごとくシャッター通りにしてしまった。経済合理主義、グローバリズムに則り、経済的利益ばかりに目がくらみ、大店法廃止が日本社会を変えてしまうことが予想できなかったのである。その郊外大型店も通販に押され店を畳んで去り、さりとて身近な商店街はとっくに消えてしまっており、今大量の「買い物難民」が生じている。まさに悲劇的生活崩壊である。

まもなく町の祭りの担い手もいなくなってしまうだろう。だから私は、日本の農山漁村を支える農林水産物の関税撤廃と制度のアメリカ化を織り込んだＴＰＰに、〝ＳＴＯＰ ＴＰＰ〟のネクタイとバッジをして大反対し続けた。第３、第４の木材、大店法が目白押しだったからだ。

派遣法が日本の雇用形態を根底から覆す

三つ目の例として挙げると「労働者派遣法」の改正である。もともと通訳等専門的な技能を有する13業務しか認めていなかったが（ポジティブリスト）、１９９９年には経済界の要請で対象業務が完全自由化され、禁止業務のみ指定（ネガティブリスト化）した。その後２００４年には製造業に拡大された。今や非正規雇用が雇用者の４割を占めるに至ってしまっている。まさに日本の存立基盤を揺るがす大改悪だったのだ。

そして次は種苗法である。さらに背後にもう一つ控えているのが、企業に農地の所有を許す農地法の改正である。この二つを許せば農民はもう農業株式会社の完全な都合の良い雇用者になり、自分の創意工夫も活かされなくなり、農村が櫛の歯が抜けたような過疎地と化すことは間違いない。恐ろしいことに、ＴＰＰやアベノミクス農政とやらが猛スピードで進行中である。

大規模農業は世界の潮流にあらず

ただ、日本に株式会社の巨大農場が成り立つのであろうか。大規模が良い、企業経営が良いと言うが、アメリカにも大規模の株式会社農業経営など殆ど存在していない。この事実を日本国民は知っているのだろうか。肥育牛等については大牧場があるが、中西部の穀物農家は家族農業である。カリフォルニアやフロリダの会社経営による柑橘農園は、メキシコ人の低賃金労働者からの搾取の上になりたっている。それより前に、ソ連の国営農場、協同農場（ソフホーズ、コルホーズ）は、大規模だったが効率が悪く、消えてなくなっている。

日本は国連の「協同組合年」（２０１１年）、「森林年」（２０１１年）、「国際土壌年」（２０１５年）、「家族農業年」（２０１９～28年）等をことごとく無視し、アベノミクス農政に堕してきたのである。そのとどのつまりに種と農地への政府の介入そして企業の侵食がある。

4章

畜産の変容と立て直しに向けて

2023年の円安で大打撃を受けているのが畜産である。なぜなら、原材料（飼料）の大半は外国からの輸入であり、コストがかさむのに、消費価格は上がらないからだ。この分かりきったことを放置してきた農政のツケが一挙に噴出している。給食用牛乳の生産を市町村が支援することで再生すべきである。

豚コレラ、アフリカ豚コレラは水際でくい止める以外になし

（2019・6・18）

2018年9月に豚コレラ（2020年より豚熱）が岐阜で発生後、長野県を含む5県に広がった。現在までに10万5000頭余が殺処分されたが、未だ決着には至っていない。2010年5月の口蹄疫がワクチン投与による殺処分もあり、7月には終息したのと比べると長く続き過ぎており、日本の養豚は大丈夫なのかと心配になってくる。

人体に影響がなく、ワクチンのあるこの豚コレラとは別に、ワクチンがないアフリカ豚コレラが2018年8月に中国で発生した。ベトナム、モンゴル、カンボジアと広がっているが、幸い日本では発生していない。アフリカ豚コレラは殺傷性が極めて高く、万が一国内で発生すれば畜産業に甚大な被害をもたらし、日本の養豚業は壊滅してしまうのではないかと危惧されている。防御策は「病原体を持ち込ませないこと」に尽きる。

しかし、近年の観光客の増加、在留資格の変更等により、豚コレラ発生地域からの来日者数は増加している。その結果、それらの国から持ち込まれる肉製品（お弁当やお土産の肉まん、シュウマイ、ギョウザ、ソーセージ等）が、病原菌の国内侵入ルートとなる可能性は高く、危険性は

増している。水際対策の果たすべき役割は重大である。

検疫探知犬の犬鼻不足

２０１９年3月8日、現状を掌握すべく羽田空港の検疫現場を訪れた。

持ち込み禁止食物の探知には検疫探知犬（中型のビーグル犬、以下「検疫犬」という）が活躍していた。荷物やトランクに近づき、肉の臭いがするとそこで「お座り」をするように訓練されている。中型犬ということもあり、入国者は何の違和感もなく、自分の荷物を運んでいる。検疫犬がお座りしているところに検疫官が近づき、横で荷物を開き禁止食物の没収となる。ところが、全国にたった33頭（今年7頭追加され40頭）しかおらず、人手不足ならぬ、とんだ「犬鼻不足」であった。絶対的に数が少なく、羽田空港でも5頭のみである。ましてや地方空港や港湾には常駐してないところが殆どで、侵入を防ぐには心もとないかぎりである。

検疫犬の育成には半年間の訓練が必要で、一頭約６００万円かかるといわれている。なぜなら、訓練が検疫官とともにアメリカで行われるからである。その前に当然のことだが、犬と人間（検疫官）との相性もチェックされるなど、なかなか手間がかかるようだ。

歴史の浅い畜産業のせいで軽視される検疫犬

日本は諸外国と比べて麻薬の類には大変厳しい対応をしていることが知られている。例えば、大麻（マリファナ類）はアメリカの2州をはじめ数ケ国で解禁されているが、日本では芸能人等の大麻所持による逮捕のニュースがかなりの頻度で流されている。その延長線上で、麻薬犬が全国に130頭と検疫犬の4倍も配置されている。また、警察犬にいたっては、嘱託が多いが1300頭を超えている。

今手元に欧米先進諸国との比較は持ち合わせていないが、日本の検疫犬は少ないと思われる。日本の畜産業は農業生産額の30％ぐらいという状態に対し、欧米先進国は70％以上が畜産業であり、比重が違うからだ。

日本の水際対策は、まず検疫犬の数を大幅に増やし、各地の空港・港に配置することから始めないとならない。

急増する外国人観光客、禁止品摘発件数

外国人観光客は、ここ10年で急増し、5年前（2014年）には1341万人が日本を訪れ、53万7212件の摘発が行われたが、2018年には3119万人（2・3倍）になり、摘発件数も93万3957件（1・7倍）に達している。摘発の割合が低下してはいるが、禁止品の持ち込みが少なくなったのではなく、検疫犬、検疫官がすり抜けられているケースが増えているとも考えられる。

来日者の95％が、成田・羽田・関空等の七つの大型空港を利用しており、それらには幸い検疫

犬が2～6頭配置されている。残りの5％は45地方空港や87の港を経由し、それには検疫犬の出張による対応をすることになっているものの、殆どできていない。ところが地方空港、港こそ畜産現場に近く、リスクが高いのだ。

各国の厳しい科料

中国人観光客が多く訪れる台湾が、豚コレラ発生地域の肉製品を持ち込んだ者に、罰金約360万円を科す決定をした。当然の措置である。

各国の対応を調べてみると、罰則の軽重は様々であった。特にオーストラリアは厳しく、起訴され約3360万円以上の罰金、そして拘束され最長10年の懲役である。オーストラリアは遠く離れた大陸であり、ユーラシア大陸やアメリカ大陸にある諸々の病原菌が存在しない。だから、一度入ってしまうと未来永劫その防除に務めなければならなくなる。両国とも、実際の罰金以上に、捕まったら大変だから持ち込んではいけないという抑止効果のほうが大きいと思われる。

実は、我が国にも3年以下の懲役又は100万円以下の罰金という法律（家畜伝染病予防法）がある。しかし、刑事告訴から処罰の確定まで時間のかかる日本では、すぐ帰国する観光客には適用が難しい。その結果、実際には個人消費・土産目的の持ち込みには、水際で没収し放棄を促すだけの運用であり、とても十分な水際対策とはいえない。

上陸拒否による水際対策

そもそも日本は、出入国管理法第5条で「我が国の利益又は公安を害するおそれがある者」に対し上陸を拒否することができる。現行、麻薬・銃所持、売春・窃盗・破壊工作等、17項目の上陸拒否理由が明文化されている。1951年の制定であり、今なら「入国拒否」が普通だろうが、大半が船を使っていたので、その名残で「上陸」となっている。

いうまでもなく、家畜伝染病でも宮崎県の口蹄疫では牛6万8266頭、豚22万34頭を殺処分し、455・4億円（殺処分230億円、ワクチンを投与後殺処分したもの225・4億円）の補償額に達していることから分かる通り、我が国の利益を大きく害する。

そこで「家畜伝染病予防法で輸入してはならない物を所持する者」もここに追加して、伝染病の侵入を防ぐ方法である。保持者を上陸拒否することにより、水際でブロックできる。検疫官に対して、これぐらい大目に見ろと抵抗する者もいるが、検疫官の権威を高め検挙の執行をスムーズにすることに役立つ。

更に重要なことは、単なる禁止品の没収にとどまらず、下手すると留め置かれ観光日程に狂いが生じる。本人もさることながら、旅行会社も困ることになるし、旅行会社自体がツアー客に肉製品の持ち込みをやめるように促すだろう。中国は日本以上にネット社会なので、この罰則強化の内容もすぐに広まるであろう。それが周知されることで、海外からの観光者の肉製品持ち込みを相当抑制することができる。

２０１４年秋に小笠原諸島近海で、中国では相当高価に取り引きされる赤サンゴを求めて中国漁船の違法操業が後を絶たなかった。そこで、議員立法により罰金を６００万円から３０００万円に引き上げたところ、ピタリと違法操業がなくなった。絶大な抑止効果である。

私が豚コレラ対策に汗をかく理由

私は今（２０１９年）懲罰委員長を拝命している。丸山穂高議員に対し、何の法的拘束力もない「糾弾決議」で事実上辞職勧告した。こうした問題を扱う委員会の委員長である。従って、今豚コレラ問題に取り組む立場になくじっとしていたが、少しも終息しないどころか、ポスターで肉製品の持ち込みをしないように呼び掛けるといった、なまくら対策しかしていない政府に我慢ならず腰を上げた。

最初は、後輩議員たちに議員立法のノウハウを学ばせるべく裏方に徹していたが、時間もなくなりそうなのでじっとはしておれず、今は自ら動いている。なぜなら、私は２０１０年6月、農林水産副大臣を拝命し、就任２日目から２ケ月間、宮崎県の口蹄疫対策本部長として、牛と豚の殺処分と埋却の指揮をとったことがあるからだ。あまりにも悲惨であり、このようなことは二度と起こしてはならないと心に刻み込んだ。

ところがそれから8年後、再び同じような事態が生じて日本の畜産が危機に瀕している。ＴＰ

Ｐ11、日欧ＥＰＡの影響で酪農家も急激に減っている。このままでは、日本から畜産業がなくなるのではないかという危惧から、６月10日の週から開店休業状態の会期末に汗をかいている。

（２０２１・９・17）

ＯＩＥの歪んだ日本畜産への勧告は世界の潮流

日本の農業は、急激な変貌を遂げている。この中でも、畜産業の変貌は顕著である。

世界の農業の中心は畜産で、日本もそれに近付きつつある

これを農業総生産額に占める割合で見てもよく分かる。まず、米の割合が１９６０年の47・４％から２０１９年の19・６％と28ポイント減、半分以下になっている。その一方で18・２％から36・1％とほぼ2倍に増えているのが畜産業であり、今は野菜、果実の合計を凌ぎ第1位である。

欧米先進国では、とっくの昔から畜産業が圧倒的1位を占めている。つまり、面積的には穀物だが、金額的には高い肉と牛乳を生産する畜産業が農業の中心なのだ。

急激に規模拡大した日本の養豚・養鶏は世界1、2の規模

ただ、畜産業の変遷の中身を見ると、その異様さがよく分かってくる。狭い国土面積の制約を受けないことから、規模拡大が急激に進んだ。それでも牛は放牧できるある程度の面積も必要とされることから、1970年比で、肉用牛は29・3倍（2頭／戸→58頭／戸）、乳用牛は16倍（6頭／戸→94頭／戸）に過ぎないが、いわゆる中小家畜の規模拡大は半端ではない。豚は14頭／戸から148・7倍の2119頭／戸となり、アメリカの1089頭／戸の2倍近くである。日韓米英仏独の6ケ国の中でも1位となっている。

採卵鶏にいたっては、70羽／戸から6万6883羽／戸と1000倍近くになっている。それに対し、欧米諸国は1000～3000羽／戸と日本の50分の1以下の規模である。規模が小さい日本農業だが、中小家畜では欧米諸国よりずっと規模が大きいのだ。

大企業経営の採卵鶏、養鶏

ひたすら規模拡大を続けるばかりだった中小家畜飼育は、後述するようにOIE（国際獣疫事務局）から指摘されるまでもなく、歪みきっている。

ごく一部の小規模酪農家を除き、豚も鶏も肥育牛もおよそ農家とはいえない大経営体である。採卵鶏と養鶏ブロイラーの経営体は日本全国でそれぞれ2000経営体強に過ぎな

い。いずれも規模では世界一を誇り、採卵鶏6万7000羽（2120経営体）、ブロイラー6万2000羽（2250経営体）である。これはとても農家という範疇に入らず、まさに大企業そのものである。その一つが、採卵鶏業界第2位のアキタフーズである。だから農林族議員に数千万円を贈与、クルーザーまで所有している。養豚に至ってもアメリカを凌ぎ世界一大規模なのである。

日本の非鶏道的、非豚道的飼育は異様

この差は動物や家畜に対する考え方、態度においてかなりのギャップがあることから生じている。そして、ここにアキタフーズ事件が発生する要因が隠されている。

欧米先進国とて効率だけを考えたら、1000頭飼育する豚舎も1万羽飼育する鶏舎もいとも簡単につくれる。しかし、そうした飼い方を規制して大規模化させないでいる。家畜も普通に生きる権利（動物の権利　Animal Righs）があるとみなされ、ぎゅうぎゅう詰めの飼育をためらうとともに、そうした非鶏道的、非豚道的飼育が禁止されているからである。やみくもに規模拡大に走り、効率だけを追い求める日本は世界の潮流から離れるばかりなのだ。

OIEの勧告は当然のこと

近年の日本は、家畜をただただ卵を産み、肉や牛乳を生産する機械のごとく扱ってきたのであ

る。だから国際獣疫事務局（ＯＩＥ）が、もっと優しい飼い方に改善せよと勧告を発しようとしたのだ。

ＯＩＥは飼育の仕方に加え、家畜の処理場や輸送する間の虐待等を問題視し、動物福祉（Animal Welfare）の管理体制を確立することも求めている。２０１８年9月、巣箱、止まり木の設置を義務化する提案をしたが、日本は卵のひび割れが生じ汚れが増加する、また死亡率が増加するとして反対意見を提出した。その結果19年9月には見送られていた。

アキタフーズの社長はＯＩＥの勧告通りになったら日本の養鶏は潰れると恐れ、政界、官界に働きかけを行い、吉川貴盛農水相の贈収賄事件に発展した。

２００４年の本会議の趣旨説明で問題を指摘

私は、遅かれ早かれこのような事態が起こることをとっくの昔から想定していた。２００４年鳥インフルエンザが猛威を振るっていた時に、議員立法の提案者として本会議の壇上に立ち、非鶏道的飼い方はいかがなものかという問題を提起している。ところが、心外なことに、今回のこの贈収賄事件に絡み、有権者から農林族議員の一人として私も同じようにアキタフーズから２０００万円とはいかなくても、何百万円かもらっているのではないかという嫌疑をかけられびっくり仰天した。

観光の観点からもケージ飼いをいち早く禁止したスイス

１９８２年、スイスはいち早くケージ飼いを禁止している。動物福祉、動物の権利という観点もあることは確かだが、鶏糞の悪臭を嫌ったこともある。スイス観光に来た人たちがあの悪臭がしてきたら興醒めする。牧歌的景観をつくりだす山岳酪農に多額の補助金を出しているスイスでは、ケージ飼いによる悪臭をなくすことは当たり前のことなのだ。

世界の潮流はケージ飼い禁止

ＥＵは２０１２年「採卵鶏を保護するための最低基準を定める指令」により、ケージ飼いを禁止し、止まり木に止まる、砂浴びをする、巣に卵を産むといった鳥の習性を重視する飼育方法への転換を求めた。他に給餌、給水、照明、身体切断処理等についても詳細に規則を設けている。他に、ブータン、インド、アメリカの6州も禁止している。

養豚でも母豚が気付かずに子豚を踏み殺してしまうことを避けるため、狭いところに押し込む「妊娠ストール」が導入されているが、これでは方向転換もできないため、ＥＵ、スイス、ニュージーランド、オーストラリア、カナダ等が禁止している。

こうしたことを受け、スターバックス、ネスレ、ユニリーバ等外国の食品企業や大手ホテルチェーンは平飼いの鶏肉や卵しか扱わなくなっている。アメリカは２０２５年までに70％を

cage free（ケージ飼いをなくす）にする目標を掲げている。

効率一辺倒の結果、卵は物価の優等生

ところが日本にこのような規制は一切ない。動物愛護管理法と畜産技術協会の「動物福祉の考え方に対応した飼養管理指針」があるだけである。

前述のように日本はあくなき効率主義で、動物の福祉や動物の権利といった観点は全く取り入れられていない。こうしたことから卵は70〜80年前から1個10〜20円（1パック150〜200円）と物価の優等生と崇め奉られている。この結果、日本は年間一人当たり338個と世界第2位の卵消費国となっている。

日本でケージ飼育が禁止されると、狭隘な土地で何千羽の鶏を放し飼いすることは不可能である。仮に平飼いをしたところで、手間がかかり卵価は大幅に上昇することになる。安さのみ追求する消費者には受け入れられない。

フォアグラを巡る論争が動物の権利、福祉問題の象徴

フランスは動物愛護に熱心な国である。森をぶち抜く高速道路が野生動物に悪い影響を与えるということで、トンネルをつくって往来できるようにしたり、森と畑の間に柵を設けたりして共存を図っている。だから、養鶏の規模も９０００羽程度に抑えており平飼いが中心である。

だから、アヒルやガチョウに強制給餌して肝臓を肥大化させたフォアグラは、当然批判の槍玉に挙げられた。フランスはこうした動きの中で、2005年フォアグラをフランスの美食的文化の一部だとする法案を可決している。それに対し、他のヨーロッパ諸国は強制給餌を禁止する傾向にある。2019年ニューヨーク市議会は強制給餌を禁止する条例を採択している。ただ、世界のフォアグラ生産の8割を占めるフランスからの輸入は認めるという矛盾も存在する。

こうした中、どう考えてもウインドレスファームで太陽の光を一度も見ずに一生を終える日本の養鶏は文化遺産とは言えまい。日本はもっと本格的にこの問題を考えていく必要がある。

(2021・9・19)

長野県の北信地方から消えた鶏・豚・牛

日本農業全体は、米消費量の減少、食生活の洋風化という大きな流れに沿って畜産業重視に移る中、長野県は全く逆の方向に進んだ。

家畜が消えた異様な農村になった北信地方

50年前、農家の庭先では鶏がミミズやその辺の草をついばんでいた。農家の軒先には山羊なり羊なりが、1頭か2頭飼われていた。農林水産省が農業の多角化で推奨したこともあり、水田酪農と称され乳牛を2～3頭飼う農家もたくさんいた。

ところが今、少なくとも長野県の第1区の北信地方でこうした家畜を見ることは殆どなくなった。私の知るかぎりでは飯山市にみゆきポークを売りにする養豚農家がある。それからやはり飯山市の千曲川沿いに養鶏農家がある。他に栄村の肥育牛農家と高山村の山田牧場以外では殆ど家畜を見たことがない。

数字で見るとよく分かる家畜の減少

長野県の畜産業の推移を1960年から2020念の品目別畜産戸数と頭数推移で見るとその衰退振りがよく分かる。

1960年と2020年を比べると、肉用牛の飼養戸数は4万6750戸から375戸、乳用牛は3万2630戸から288戸と数万戸から数百戸と10分の1に減っている。豚は2万1710戸から69戸と3桁違いの300分の1に減っている。頭数も肉用牛は5万頭から2万頭、乳用牛も5万頭弱から1万5000頭と3分の1に減っており、豚もピークの1980年の26万頭から6万5000頭と3分の1に減っている。

ところが、一戸当たりの飼養頭数は、せいぜい1～2頭だったのが肉用牛、乳用牛とも50頭を超え、豚に至っては936頭と激増している。

普通に見られた庭先養鶏も忽然と消える

更に顕著な動きを示しているのが採卵鶏であり、1960年には17万戸と長野県の全農家22万戸のうちの76％もの農家が、10羽ぐらいずつ飼っていた。いわゆる庭先養鶏である。

ところが、1980年には1万戸強に激減し、2000年には60戸そして2019年には20戸と1万分の1に減った。つまり鶏は60年前はそこらじゅうの農家に飼われていたのが、今は、人里離れた山奥で2万5000羽が大きな鶏舎で飼われており、普通の人々の目に触れることは殆どなくなった。豚も全くといっていいほど見受けられない。

これは、乳牛に代わる農家の栄養源を提供していた山羊についても言える。1957年には山羊は5万8000戸、羊は5万6000戸と、約4分の1の農家が一頭ずつ飼育していた。つまり、あちこちの農家の納屋の隣に家畜がいたのである。夕上がり（農作業を終えて帰る）時に家畜用の草を刈ってリヤカー（途中からガーデントラクター）に乗せて帰り、牛馬や山羊・羊にくれるのが日課だった。そして農家の近くには、堆肥がうずたかく積まれていた。それから30年後の1990年には、山羊が1630戸、2670頭、羊は450戸、3240頭に激減し、2010年には両方とも200頭しか飼われなくなってしまった。

野菜、果実が半分を占める特徴ある長野県農業

長野県農政部の統計によると、２０２０年の農業総生産額（産出額）は２９２６億円で、その内訳は野菜８１８億円、果実６５６億円、キノコ５０２億円、米４４４億円に次いで畜産が２９８億円となっている。野菜、果実で半分を占め、畜産は10％に過ぎない。日本全体と比べると野菜、果実の比重がかなり高く、畜産が著しく低いのが特徴である。近隣の農地の使われ方を見れば一目瞭然である。

役牛は家族同様だった

我が家では１９６０年代初頭まで役牛としての牛が玄関と繋がる牛舎で家族同様に扱われていた。

収入源が米と蚕から果樹に変わる頃、その牛も用済みとなって消えていった。その結果、野積みされた堆肥の山は消え去り、北信地方の田畑にはここ数十年、堆肥が殆ど投入されていない。このまま続ければ、地力が衰えていくのは必至である。今や農村にいても、犬・猫等のペットを除けば動物園に行かなければ動物も鳥も見られないことになり、家畜と過ごすことによる情操教育もままならなくなっている。あまりの変貌に驚くばかりである。

日本の供養の精神こそ動物の権利、福祉に繋がる

我々の祖先は耕すことに、そして荷車を引っ張ることに貢献した馬に感謝して馬頭観音をあちこちに建てていたのである。野生動物は食べても身近な家畜の肉は食べなかった。つまり皆が供養の精神を持っており、他の生命に対して敬意を抱き「いただきます」と感謝して食べていた。

仏教上の理由からも殺生を嫌い、もともと日本には肉食は普及しておらず、歴史的に日本こそ動物の権利や動物の福祉を普通に考えていた国だったと言える。それが戦後、特に最近の効率一点張りの風潮の中で家畜に対する愛情が消えていってしまった。今、世を挙げてＳＤＧｓの時代、そしてグリーン化が叫ばれている中で、動物の世界のグリーン化こそ遅れに遅れているのだ。

ＯＩＥの勧告通りの鶏の飼い方をしていた１９６０年代

鶏には食事の残り物も餌にするし、菜っ葉の捨てる部分もくれることになる。「鶏小屋」があってもいつも昼間は放し飼いにする。堆肥の山に多くいるミミズをついばみ、草をむしって一日中動き回る。小屋には止まり木もあり、卵を産む巣箱もあった。１９６０年代はまさにＯＩＥの勧告そのものの飼い方だった。

犬の放し飼い禁止もいずれ世界から批判される

（2021・10・2）

放し飼いの犬も悪さはしなかった

小学生時代の私の飼い犬テス（私のイニシャルT・Sからとった）は、今と違い放し飼いが許されていた。一応夜は鎖に繋がれていたが、私が学校から帰ってくると一緒に畑に行ったり遊びに行った。家の屋敷の中だけでなくそこらじゅうを自由に走り回っていた。ところがテスには悪い遊びがあり、放し飼いの鶏を追い駆け回すという悪い癖があった。もちろん、鶏が大騒ぎして逃げ回るのを楽しんでいるだけで噛み殺したりはしなかったが、祖父は鶏が恐がって卵を産まなくなると怒ってテスをどこかにくれてしまった。僅かばかりの卵だったが、貧しい農家にとっては大事な収入源だったからだ。

家の中で飼われ、リードでつながれて虐待（?）される日本の犬

欧米での動物の権利、動物福祉の動きは、1964年英のルース・ハリソンの著書"Animal

Machine』から始まったと言われている。続いて1975年ピーター・シンガーの『動物の解放』が影響を与えた。①飢え・渇き、②不快、③痛み・外傷・病気、④恐怖・抑圧からの自由、そして5番目の「通常の行動様式を発現する」自由が唱えられた。EU等のケージ飼いの禁止もこの5番目の自由の確保からきている。

狂犬病予防の観点から犬の放し飼いが地方自治体の条例で禁止されている日本の犬には、この5番目の自由が全くなく虐待を受けていることになる。自由に歩き回るという犬の通常の行動様式を抑圧しているのだ。ドイツの一部の州では犬を繋いで飼うことが禁止されている。その他子犬は8週齢まで母犬から離してはならないとされ、当然繋がれることがない。フランスの三ツ星レストランには人間の子供は入れないが、訓練された犬は入店できるのだ。

ところが、1960年代後半以降日本では、テスのような放し飼いはできなくなった。この結果、犬の小便の臭いが消え、鳥獣害の被害が拡大していることを2007年の予算委員会の質問で指摘し、中山間地域では犬の放し飼いを認めるべきだと力説したが一向に改善されていない。

いずれ日本の犬の虐待が追及される

犬や猫のペットは核家族化や一人暮らしの増加とともに増え、2008年にピークを迎えその後減り続けている。

減ったとはいえ、2020年犬は849万頭、猫の964万頭と猫のほうが多く飼われている。

そうした中で唯一褒められるのは、40年前の1979年には犬98万頭、猫12万頭の殺処分がされていたのに、関係者の努力で2019年にはそれぞれ5635頭、2万7108頭と激減していることである。

1960年には、単独世帯数は372万世帯に過ぎなかったが、2015年には1842万世帯と5倍に増え、1世帯当たりの平均が4・14人から2・33人に減っている。日本人は急速に孤独な暮らしをするようになった。その一つの救いがペットであり、子供や家族の代わりに愛情を注ぐようになったのだ。

ところが、可哀相に犬は家の中で飼われ、リードに繋がれて散歩に連れていってもらわないかぎり、外を歩き回ることができない。人間（飼い主）の都合しか考えていないのだ。

世界動物保護協会（WAP）は世界各国の保護度合いを評価しているが、日本は総合評価Eで畜産動物はG評価と最低である。日本の養鶏がOIEから勧告を受けたのと同様、ペット犬の扱いについてWAPから厳しい指摘を受けるのは時間の問題である。ペット犬の愛好家が、日本の現状を自ら改善していくことをなぜしようとしないのか、私は不思議でならない。かわいがることだけを考えて、犬の権利や福祉に目を向けようとしていない。イギリスの東部の動物園は、13頭のゾウをケニアの群れに戻して自然に返している。このような動きが世界中で見られるというのに、日本はあまりに無頓着である。

福島原発事故で置いてきぼりにされた家畜やペット

チェルノブイリ原発事故は、ウクライナ、ロシア、ベラルーシの三国の境界地帯にあったため、ベラルーシの農村地帯のほうが汚染度合いは高かったと言われている。当時ベラルーシ政府は近所の農民に速やかに避難しろと命じていたが、農民は家畜も同伴し、数日かけて歩いて避難している。もちろん家畜など置いて、放射能が漂う外気に接しないようにして移動すべしと命じたが、その命に従わず家畜も一緒に歩きながら移動してしまっている。

日本では福島第一原発事故の際、飼っていた牛もペットの犬猫も置き去りにせざるをえなかった。なぜなら、道路は避難する車で埋まり、とても家畜やペットを連れて行く余地はなかったからだ。そのため鎖に繋がれた乳牛は、柱をかじりながら餓死し、放たれた牛やペットは放射能を大量に浴びて野生化していたのである。

その野生牛が民家に入り込んで荒らすなどの事態を重視した政府は、牛の殺処分を命じた。こうした牛の数は1700頭にも及んでいる。日本人は動物や家畜に対する慈しみが大きく、馬頭観音で役に立った馬や役牛を供養してきた。家畜を殺処分しないとならない農民の気持ちを考えると身につまされる。そして残された家畜やペットの末路には涙を禁じえない。

中山間地域から犬の放し飼いを復活

日本は、家畜の飼い方を変えるだけではなく、国際社会から批判される犬の飼い方も改善していくことを考えなければならない。動物愛護については劣等生の日本の一石二鳥の解決策は、犬の放し飼いを鳥獣被害に悩む中山間地域から認めることである。

犬の嗅覚は、人間の比ではない。最近の研究によると猪のほうが上であり、更にその上を行き水辺の臭いまで分かるのが象だそうだ。だてに鼻がやたら長いのではなく、ちゃんと機能が備わっていたのだ。野生動物も臭いが行動の元になっており、縄張りがある。残された小便や大便で他の動物の縄張りを知り近づかないのだ。

つまり、猿も猪も鹿も鼻で嗅ぎ分けて、犬の活動範囲には足を踏み入れない。だからかつて日本の山村ではどこでも犬を飼っていた。

オオカミの復活も一理ある

増えすぎた鹿が幼木を食いちぎり、日本の山を荒らす原因となっている。生態系バランスを元に戻すためにオオカミを復活させるべきだ、という考え方もあり、「日本オオカミ協会」は真剣に取り組んでいる。その前に、オオカミの尿を輸入して畑に撒いて、鳥獣の追い払いができるか効果の程を検証している人もいる。前述の臭いで追い払おうというものだ。

中山間地域は丸太・製材の輸入自由化で生きていけなくなっている。そこに追い打ちをかけているのが鳥獣害である。京都のお寺でもあるまいに、電気柵を設けていてはコストが上がってやっていけない。だからただの犬の放し飼いで防止すべきなのだ。

今42の都道府県に犬の放し飼い禁止条例があり、ない県も全市町村に条例があり、日本中で禁止されている。そうした中、福島県だけが「山間へき地等において、人、家畜、耕作物を野獣の被害から守るために飼い犬を使用するとき」には、係留義務を免除されている。まずこれを全国に広めるべきである。そして、その延長線上で、飼い主がきちんと犬を訓練し、放し飼いできるようにすることである。

ペットショップはワシントン条約違反の温床にもなっている

詳細は省くが、ペットショップでいとも簡単に犬を買うことができることにも問題がある。もう一つ、狂犬病の予防接種の徹底は見事だが（ワクチン接種は義務ではない）、それなら欧米に見られるように飼い主の講習を義務付けるのも一案である。犬にだけしわ寄せがいっており、人間も飼い方を改めなければならない。

50年前までは、犬は放し飼いだったのだ。それを一罰百戒で、狂犬病予防という一点のために犬を虐待し始めたのである。要は供養の精神を思い出し、動物や家畜への対応を昔に戻すだけのことだ。そうすることにより欧米と同じになれば批判されないで済むのだ。

瀕死の酪農の再生は牛乳の地産地消・旬産旬消から

（2021・10・3）

地元の酪農家が新鮮な牛乳を小中学校の学校給食に届ける

畜産業のあまりの変容に嘆いてばかりいても始まらない。私は地産地消・旬産旬消が一番望まれる酪農を健全な姿に復活させるのも一つの考えではないかと思っている。

つまり、学校給食や病院等の業務食に不可欠の牛乳を身近で生産し、近隣の学校給食、病院食に優先して新鮮な牛乳を届けることである。長い輸送によるCO_2の排出も抑えられ、すぐ飲むもので冷蔵費も少なくて済み、健康にもよい。一石何鳥にもなる。

1960年農家戸数が606万戸もあった頃は、水田酪農を各地で展開できただろうが、2020年175万戸と3分の1以下に減った今では同じ手法には無理がある。小中学校を抱える市町村が前面に立って公的援助を行い、中規模の酪農家を育成して維持するしかない。これはかつて乳牛を飼った経験のある団塊の世代以上が生き残っている間にしないと手遅れになる。もちろん国が積極的に支援し、全国展開するのだ。

子供たちが新鮮な牛乳にありつけるなら、学校給食が少々高くなっても保護者は許容するであろう。第一、学校給食費が月5000円前後、すなわち一食250円というのはあまりに安過ぎる。一方ではカラオケに行き下手な（？）歌を歌って数千円も支払っているのに、日本の親も関係者もどこかおかしいのではないか。次世代を担う子供たちの食費にはもっとお金をかけてもバチは当たらない。

有機農業推進の核になる

当然、余計な抗生物質の投与はなるべく避けるなど、有機酪農に向けていく必要がある。そして狭い牛舎で飼うのではなく、広々とした牧場でのびのびと草を喰むという飼育に徹し、子供たちにも度々乳搾りの現場や子牛の出産を見せて、情操教育に役立てることである。今北海道で広まっているやたらと乳量拡大を図る200頭を超える大規模な酪農（いわゆるメガファーム）は日本の目指すべき方向ではない。

更に堆肥は近隣の野菜農家に分けて使ってもらい、有機農産物を給食用食材として推奨してもらうことである。まさに地域循環であり、SDGsの見本となる。美味しい卵、元気な豚の肉と良い連鎖反応を起こしていくしかない。

私は約40年前の1980年代から異端児扱いされながら有機農業を唱道してきた。農政の本流は我々が政権を担った時もほとんど無視し続けてきた。それを政府は突如100万haの有機農業とか言い出した。

それには有畜複合農業が手っ取り早い近道である。アキタフーズ事件の真の原因を見極めるとともに、有機農業への転換の一環として畜産業を正常な姿に戻していくことにも真剣に取り組んでいかなければならない。

欧米で増え続けるベジタリアン、ビーガン

畜産業が変わるには、その背景にある日本人の食生活スタイルも変えてもらわないとならない。いや、もっと言えば消費者側でいかがわしい畜産物を拒否して、流れを変えるのである。

日本はカレー、トンカツ等外国の料理をうまく取り入れて、日本型食生活をより豊かなものにしてきた。そうした工夫とおもてなしの精神の究極の成果ともいうべき東京五輪（２０２１年）の選手村食堂は、７００種類の献立を揃え大好評だったという。

ところが、欧米では２０００年代以降急激に増えている菜食主義者（ベジタリアン、ビーガン）が日本では殆ど見られない。菜食主義者は２０００年代当初はアメリカでも僅か1%ぐらいだったが、２０１７年には2・5%の２５００万人に増え、特に若者の間に浸透している。ＥＵ諸国では、ドイツ、イタリアは10%に達し、オーストラリアもオージービーフの国なのに11%、スイスは14%に達している。

なぜ菜食主義者が増えるのか

世界には忌避される食べ物があり、各民族が独特の風習を持っている。文化人類学者マーヴィン・ハリスの『食と文化の謎』（１９８８）を読み、目から鱗だった。ヒンズー教は牛肉を食べず、イスラム教は豚を忌避していることはよく知られているが、他の忌避を紹介するとともにその理由を大胆に説いてくれた。それをもじれば、肉食文化の国で、肉のみならず、牛乳、卵、ハチミツまでも忌避する完全菜食主義者（ビーガン）が急激に増えているのだ。

それは一体なぜなのか。一つには、極めて合理的実利的理由、つまり健康上の理由がある。肥満気味の人が多く、死因の第1位が心臓病であり、肉食は過ぎると高血圧、高脂血症に直結するからだ。

環境への配慮が食べ方を変えている

次に多くの人が「食と環境」の関係を考えて、肉食を止め始めているのである。誰にも分かることで言えば、家畜の糞尿過多は土壌を劣化させる。それどころかオランダの過密飼育をする地域では糞尿の臭いが都市部にまで広まってしまっている。だからEUではとうの昔から1頭の牛の糞尿を処理するには一定規模の農地が必要という基準を設け、その範囲内で飼育する者には補助金を出している。いわゆる環境支払いである。豚・羊・鶏にも適用される Livestock Unit（家畜単位）から計算され、過密飼育を規制し避けている。「密」がいけないのは、何も新型コロナ感染症だけではない。

牛のゲップはメタンガスであり、CO_2をはるかに上回る温暖化要因となる。人間用に本来の餌でない穀物を多く与える不自然な飼い方をしている。日本の霜降り牛肉などその典型的悪例である。地球環境を汚す迂回生産は少なくし、植物性の食べ物にとどめようという動きである。最近話題になり始めた「代用肉」もその延長線上にある。

つまり、ＯＩＥの勧告は、欧米先進国の国民の考えの中にある変化の基調を体現しているに過ぎないのだ。ところが、日本は国も国民も9割の人がビーガンという言葉すら知らない。ＳＤＧｓバッジをつける人が多いが、実行が伴っておらずこの分野では世界の孤児になりつつある。

家畜が消えた長野県の北信地方は何十年もの間、家畜由来の堆肥が田畑に殆ど入っていない。日本はかつて２０００万ｔ、今でも１４００万ｔ、アメリカから飼料穀物を輸入し、農家と呼べない経営体が、まるで動物工場のようにそれを卵に肉にそして牛乳に加工しているだけなのである。おおよそ自然の状態ではない飼い方に堕してきたのだ。

だから、我々は人間の食味に合わせてやたらと脂肪分を多くした奇形牛、奇形豚、奇形鶏という異常な動物の肉を食べているのだ。そのため南九州の一部がオランダと同じ状態になりつつある。

消費側から畜産業の正常化を促す

CO_2の排出を減らす世界では、石炭火力への投資を行わなくなりつつあることと同じように、動物の福祉への配慮を求める企業の動きも見られる。

例えば、2005年にアメリカのスーパー・ホールフーズがケージ飼いの卵を拒否して平飼いだけしか扱わなくなり、その後カリフォルニア州がケージ飼いを禁止した後、一挙に平飼いの卵しか扱わない食品企業が増えた。外食のマクドナルド、スターバックス、ホテルのヒルトン、食品大手ではネスレ等、既に実行に移したところもあるが、少なくとも宣言して企業の姿勢を示している。こうした動きを受けて、2025~2030年にかけて欧米先進国から鶏のケージ飼いが一掃される可能性がある。

消費者の力は絶大である。消費者がそっぽを向けば生産者はそれに合わせないとやっていけなくなる。望むらくは、日本人の消費者がもっと自らの健康も意識した上で、動物や家畜やペットの健康、さらには環境すなわち地球の健康に配慮した生き方に変わっていくことである。世界共通の課題、気候変動対策への対応と全く同じで個々人の第一歩から始める以外にない。

5章

山村を元気にして地方を活性化

日本の山村からこの数十年、櫛の歯が抜けたように人が去ってしまった。木が二束三文だからである。中山間地域の再生は、木がもっと高く売れることによって実現できる。外国の木に高関税をかけて日本の木を守るべきなのだ。

地方再生は国産材活用が最善の途

（２０２１・８・２）

２０２０年の中頃ぐらいから木材の価格が上がり始めている。そして最近は木材の不足や価格の高騰から住宅建築がストップしたりすることもあるという。私のところにも、何とかしてくれという陳情書が送られてきている。関係者の間では第三次ウッドショックと呼ばれている。

オイルショック、大豆ショック、ウッドショック

１９７３年、オイルショックによりスーパーの棚からトイレットペーパーが消える騒ぎになったが、一方でアメリカが大豆の輸出禁止を行い、日本の豆腐の価格が一丁３００円に高騰し、大豆ショックと呼ばれた。必需品だろうと何だろうと、安ければいいと何でも野放図に外国からの輸入に依存する日本は、ちょっとした輸出国の動きで物不足になる。○○ショックに陥りやすい脆弱な国である。

アメリカの住宅需要の急拡大

この時期に木材の不足が生じたのは、アメリカの住宅需要が急拡大し、アメリカから木材の輸入が急減したことが原因である。かつてニクソン大統領はアメリカの物価の上昇を気にして、友好国日本への大豆の輸出を禁止したが、今アメリカ国内で前年比４倍（２０２１年５月、木材の先物価格は一時的に前年の最大４倍）もの高値で売れている。それなら、あえて遠い日本に輸出することはないということになっただけのことである。

日本の木材の自給率は食料自給率と大体同じで37・８％（２０１９年）である。約70％の住宅建築用の針葉樹は外国に頼っている。コンテナ不足等世界的な流通網の混乱により、サプライチェーンが分断されたことも輸入減の要因の一つである。コロナが世界を席巻し始めた２０２０年９月には、日本の木材の輸入量は従来の７割程度まで落ち込み、以後そのまま推移している。

金融緩和、財政出動、テレワークが住宅着工を促す

アメリカの住宅需要が急に増した背景としてはコロナ禍で金融緩和が極限に達し、お金が余っており、それが住宅市場に流れ込んだこともある。そこに財政出動も後押しした。金利が安いだけでなく補助事業もある。

ただ金融緩和は日本も含む世界中で起きていることだが、アメリカの場合、コロナによるテレワーク、リモートワークが急激に進んだのが大きな要因である。日本でも、東京の感染者数が４０００人（２０２１年７月30日）を超え、東京と首都圏３県と大阪に緊急事態宣言が発せられている。アメリカは大都市で猛威を振るうコロナ感染症を恐れ、ニューヨーク等の大都会の密を避けようという価値観が生まれ、その結果地方や郊外に住み、そこで仕事をしようとする人が増えた。

アメリカのテレワークが日本の木材価格高騰に繋がる

アメリカはもともと流動性の高い国であり、仕事も住居もさっさと変えて平気な国であり、コロナ後への対応が早いということだ。最も感染者の多いニューヨークがしょっちゅうテレビで映し出されていたが、それに素早く反応した人たちが都会から脱出し、住宅をつくり始めた。そして、そのトバッチリで日本の木材不足が生じたのだ。

一般的にはすぐには国産材に回帰できない

こうなると、日本では国産材を使用すればいいということがすぐ頭に浮かんでくる。ところがこれはそう簡単ではない。もしこの状態が長く続くとしたら日本の国産材の供給体制がまた復活していくだろうが、木材不足、木材価格の高騰は一時の現象であり、長くは続かないと見られている。ゼロ金利といった金融緩和は続かないとしても、さらに円高になったり、アメリカの住宅需要が冷え込んだりすると、再び大量の木材が入ってくることになり、国産材はたちまち太刀打ちできなくなる。

先進国は国も企業も一丸となってマスクの自国生産に取り組む

日本はいつの間にか短期的な投資しかしない国になっている。コロナ禍で世界中がマスク不足になったが、他の国では中国への過度な依存体制を改め、国内生産体制が相当戻っている。しかし、日本では一旦事が収まったら再び安い中国製に取って代わられるのが目に見えているので、マスクの生産工場に投資する者はいない。大半の欧米先進国はマスクの中国一国依存体制の危うさを身に染みて体験したのに懲りて、国策として一丸となって必需品の生産の復活に方向転換し出している。

あの自由競争を国是とするアメリカにも、いざ国難という時に政府が介入できる「国防生産法」があり、トランプ大統領は2020年3月15日に自動車会社にフェイス・シールドの生産を指示している。フランスやイタリアでは、高級アパレルメーカーが自主的にマスクや医療用ガウンの生産を開始している。

日本は長期投資を怠る国に成り下がる

ところが日本は弱い産業は日本になくてよいということで、政府は日本で成り立ちにくい産業など一切バックアップしない体制になってしまっている。つまり、かつての政府と産業界との信頼関係が薄れ、日本の産業界全体が「今だけ、金だけ、自社だけ」という体制になってしまっているのである。

こうしたことを考えた場合、やはり政府が乗り出さなければならない。長期的な投資が難しい分野、特に必需品と思われる分野については国内生産体制を整えなければならない。コロナ絡みで言えば、ワクチン開発も民間に任せ、政府は研究開発投資に力点を置いてこなかった。

日本の悪い見本は丸太・製材の関税ゼロ

日本のこうしたいい加減な海外依存体制が真っ先に確立したのは実は木材である。第二次世界大戦後に焼け野原となった日本の再建は住宅の建設から始まったが、戦争中にそこら中の木を切ってしまったがためすぐに木材不足になった。1951年、丸太がまず完全自由化された。その後も凄まじい勢いで復興が進み、いわゆる高度経済成長が始まった。そして、東京オリンピックの年（1964年）に製材も完全自由化された。日本の中で完全に自由化された最初の大きな品目が木材なのである。

中山間地域の崩壊は木材を捨てたことに始まる

その結果が中山間地域の疲弊、過疎化である。傾斜地の狭い畑や田んぼではもともと規模拡大による効率化もできず、農業生産力を上げることなどはとても無理である。そうしたところでもなぜ生きてこられたかというと、木材がきちんと売れたからである。1964年頃は、今の価格でいうと4倍の高価だった。だから中山間地域では林業で暮らしていけたのである。それがだめになって70～80年経ち、中山間地域の集落が消え、テレビでは「ポツンと一軒家」なる番組が高視聴率を挙げている。

私が、反ＴＰＰネクタイを嫌でも付け続けて、ＴＰＰに反対した理由はまさにこれにある。米や農家を守らなかったら、木材で生活していた中山間地と同様、日本の農村や地方はズタズタにされる。

ＳＤＧｓに合った建築材料は木材

こうしたことを考えると、日本の地方の活性化の一番の近道は林業にテコ入れし、木材工場を復活し山で生きていける人を増やすことに他ならない。幸いにも時代はまさにＳＤＧｓ一色である。至るところでＳＤＧｓバッジを見かける。それだけ地球環境問題が意識されているということである。

人間のつくったコンクリートの家や道路等の建造物が地球の全生物の海洋の重量を凌ぐ世の中になりつつあり、これが問題化している。もっと分かりやすい例でいえば、マイクロプラスチックが２０５０年には海の魚の量を超えるというのだ。コンクリートの瓦礫(がれき)をつくり続けることは明らかにＳＤＧｓに反するのだ。リサイクル、再利用が「国是」ならぬ「世界是」であり、住にしても、体にも自然にも優しく地球環境を傷めつけない住宅をつくらなければならない。

政府のテコ入れが不可欠なウッドショック対応

だから地球環境時代にピッタリの家の原材料は木材なのである。日本の面積の3分2は森林で多雨の日本では1年間の木材の消費量を凌ぐ木の成長があり、100％自給も可能なのだ。それを国内の森林はほったらかしておいて外国から木材を買って平気な顔をしているというのは、愚の骨頂である。

前述の通りSDGsへの対応から環境に優しい木材の需要は高水準で推移すると見られており、海外からの輸入は今まで通りにはいかないだろう。14億人の人口を抱える中国は一足先にコロナ禍から脱し、住宅需要の回復は著しく、世界の木材需給の混乱要因にもなりうる。

ポストコロナの変革は、外国産材の輸入に高関税をかけ、それを原資として国産材の復活を果たすことから始めていかなければならない。各地の製材工場が潰れ、民有林は放置され放題、中山間地域に人が住まなくなった日本では相当テコ入れしないと林業は復活できず、地方は活性化しない。思い切った政策の転換が必要である。

九州豪雨被害は流木で拡大

（２０１７・７・26）

地球温暖化防止のためのパリ協定ができた。しかし、事態はもう手のつけられない状況にまで進んでいる。昨今の異常気象の常態化、つまり大荒れの気象が当たり前になったことがそれを物語っている。２０１７年７月６日の福岡県朝倉市の24時間降雨量は、５４５・５㎜と観測史上最大だった。梅雨前線に湿った空気が流れ込み、積乱雲が次々と生まれる「線状降水帯」がもたらしたゲリラ豪雨である。

流木が被害拡大の元

洪水の被害を拡大させたのは、川が氾濫した水だけでなく、一緒に流れてきた流木である。正確には分からないが、福岡県は流木を推計20万ｔ超と発表した。

被災地の山にはスギやヒノキが植えられていたが、太さ50～60㎝に育った木が根っこごと流された。途中の木や土手に引っかかり、水流をせき止め、氾濫を助長させた。橋があると、そこに溜まりその橋をも壊してしまう。猛威を振るったのは水ばかりでなく、一緒に流されてきた材木や木の根や枝だった。

だから、千曲川河川事務所ではいつも中洲に繁茂するニセアカシア等の木の伐採に余念がない。流木が引っかかり、水流を止め、堤防決壊の原因になる恐れがあるからだ。

ヒョロ長い木が流木になる恐れ

祖父が私のために植えてくれたカラマツ林は、開墾されりんご畑に変わったが、千曲川源流登山で行った川上村のカラマツ林は健在だった。しかし、甲武信ヶ岳の登山口から歩いて1時間の山林では、当然下枝刈りや間伐は行われていない。私の体と同じようなヒョロ長い木が茂る（いわゆる線香林）ばかりで、下草はほとんど生えていない。手入れが行き届かない人工林は、太陽光が地面に達するのを妨げるため、地盤は脆（もろ）くなる。ここに九州豪雨並みのゲリラ豪雨が来たらすぐ土石流となり、カラマツも流木となり一緒に流されることになる。更に、増えた鹿が、また森林荒廃に拍車をかけている。ところが、こうした山の無残な姿はなかなか人目に触れない。だから、いくら警鐘を鳴らしても届きにくい。たまに森林の奥深くに入ると、その荒廃ぶり、危うさが否が応でも目に入ってくる。私はすがすがしい空気を吸いながら、長野で将来予測される大土石流災害のことが頭の中から離れなかった。これを防ぐのはまさに政治家の責任である。

間伐材も流木の元凶

我が長野県は8割（106万ha）が森林であり、民有の人工林（33・2万ha）のうち、カラマツが52％、スギ17％、ヒノキ15％と針葉樹が殆どである。

まず、当面は手入れをすることである。森林税もその費用に充てるべきだ。間伐し、陽が地面に当たるようにして、大雨にも強い山林を造らなければならない。

次に、切り捨てられている間伐材の問題である。残った成木すら採算が合わないのだから、間伐材などに手間をかけても一文にもならないことは明らかである。持ち出すのに手間とお金がかかり過ぎて赤字になるため放置される。これが流木の元となり、下流に大被害をもたらすことになる。

山の木を売れるようにするのが地方創生に一番の近道

強い森を造るには、雑木林つまりその地の木がベストである。それでは採算が合わないとしても、5m幅に針葉樹を植えたら5m幅は地の木を残すという混交林という手法もある。自然の木を残しておけば、熊や猪や猿や鹿が里に下りることも少なくなる。そこには野生動物の餌があるからだ。

民主党政権時代、林政には相当力を入れた。当時、菅直人代表代行にせがまれて、ドイツの黒い森（シュヴァルツヴァルト）へ視察に行き、「森と里の再生プラン」の作成に生かした。農業再生プランに次ぐものであるが、私は野党時代に民主党のとりまとめた政策の中で、最も出来がよいものと自画自賛している。２００９年政権奪取後、切り捨て間伐は許さず有効活用する政策を直ちに実行したが、自民党政権に戻り中途半端になってしまっている。地方の活性化（地方創生）のため、山の木を売れるようにする政策など全く眼中にない。

ところが、安倍政権は獣医学部の新設とかばかりに血眼になっている。

長野市のＷｅｂサイトで薪愛好者に呼びかける

ただ長野市のような中核都市だと、ちょっとした工夫で薪愛好者に森林整備の手伝いをしてもらうことも可能である。

支持者訪問をしていると、環境意識が高くログハウスに住み、薪ストーブを使っている家によく出くわす。今はりんご畑の廃園により生ずる廃木とか、前述の千曲川河川敷のニセアカシア等に頼っているが、いずれ底を突く。そこで長野市役所の林業担当者が、間伐材が転がっている山林をホームページ（Ｗｅｂサイト）で知らせ、長野市内の薪を必要とするサラリーマンに週末、薪を調達しに山へ入ってもらうことである。大半の人たちはチェーンソーは持っており、薪割り機まで持っている人もいる。地方自治体が山林所有者と薪を必要とする人たちの仲介をするだけで経費は殆どかからず、メリットは双方にある。

こうして森林の中に転がっている間伐材がなくなり、流木の元も少なくなり、いざ伐採の時も丸太の搬出が容易になる。大雨の時の流木防止にもなり一石二鳥である。

政治の要諦は今も治山治水

公共事業も道路に流れ、河川がないがしろにされてきている。ここは原点に帰って治山治水に力を入れるべきである。つまり国の安全は、何も軍事安全保障だけで守れるものではない。日本にはその前に自然災害がやってくる。もっと言えば、脱原発も避難しなくても済むように予め手を打つという点で治山治水の延長にある国土防衛である。美しい日本に安心して住めるようにするのが政治の要諦である。

（２０１１・６・19）

植えて使って日本の森林を大きく育てる

北信州森林組合中心の植樹祭が山ノ内町夜間瀬（よませ）のどんぐりの森公園で開催された。長野県全体の植樹祭には参加したことがあるが、北信のものは初めてだった。私の挨拶の一端を加筆修正してお届けする。

天皇陛下も植樹祭にご参加

天皇陛下は皇居の中でお一人で田植えをしていらっしゃいますが、全国レベルの植樹祭は、天皇陛下にもご出席いただいて各県持ち回りで行われています。それだけ木を植えることが大切だからです。

なぜかといいますと今循環社会と盛んに言われますが、太陽エネルギーで物を真に生産するのは植物だけです。それを元に動物は生き永らえているのです。木は植物の代表なのです。

中国の砂漠化

日本は雨も多く、土も豊かですが、土地を収奪し過ぎると砂漠となってしまいます。

緑の少年団の皆さん、先日中国から何が飛んできたか知っていますか。そうです、黄砂です。量が段々増えています。これが元でのどを痛める人もいます。そして驚いたことに、黄河という大河でさえ途中で水を全部使われてしまい、海に川の水が到達しなくなるまでになってしまいました。

その点では、日本は平均降雨量が世界平均の3倍の１８００㎜と非常に恵まれていますから、そのようなことはありません。

中国の大植林運動

中国は雨が少なくて、砂漠が北京のすぐ北にある万里の長城のすぐ近くまで押し寄せています。そこで中国は、鄧小平国家主席のイニシアチブにより１９８０年代から10歳以上の国民に年間３~５本の義務植樹を行わせる「全民義務植樹運動」を開始しました。西暦０年にはもっと緑があったということが歴史書等で分かっています。北京オリンピックに向けてさらに拍車がかかり、西暦０年当時の林を復活しようというキャンペーンの下、毎年約３００万haずつ森林面積を増やしています。日本は横這いですが、世界平均では毎年５２０万haの森林が減少しているわけですから、いかに中国が熱心に植樹活動をしているかが分かります。日本も負けてはいられませんので、今日も頑張って植えてください。

ご先祖様の植林

今日、周りを見渡しますと木ばかりです。しかし、よく見ると分かる通り、植えられた木と雑木林とがあります。戦争中に木をたくさん切ってしまって、木材が不足してきました。洪水の心配もありました。そこで国策として大植樹運動が行われました。皆さんの曾おじいさんや曾おばあさん、つまり皆さんのおじいちゃんやおばあちゃんのお父さんお母さんたちが、戦後せっせと山のてっぺんまでスギやヒノキやカラマツを植えてくれたのです。

関税ゼロで中山間地域が疲弊

ところが、1951年まで占領下であった日本は、突然丸太の関税をゼロにしてしまい、1964年には外貨割当制度がなくなり、製材も関税がゼロになったために、外国から木材がどんどん輸入されるようになりました。今話題となっているTPP（環太平洋パートナーシップ協定）という協定に含まれる関税ゼロの恐ろしさは、中山間地域の疲弊を見ればよく分かります。

昔、私が小学生の頃は、1反歩（10ａ）のスギの木を切れば、豪華な結婚式を開くことができ、娘に嫁入り道具をたくさん持たせて送り出してやることができました。しかし、木を切り出すのにお金がかかり、輸入材と比較すると採算が合わなくなり、せっかくご先祖様が植えてくれた木が切り出せないようになって放置されています。もったいない話です。

ドイツの黒い森視察

2007年に菅直人首相と一緒に、ドイツの「黒い森」と呼ばれる森林地帯を一週間かけて視察しました。日本人には一度も会わないような伐採現場から、製材所、建設現場、森林・林業の大学等いろいろと見て回りました。そしてどこでも「自然に合って長持ちをするから、半径50㎞以内の木で家を建てている」と同じことを繰り返し聞きました。日本とは大きな違いです。

ドイツでは人口100万以上の大都市はほんの僅かで、国づくりもそもそも地方分散をよしとして行われています。だから、脱原発もできるのです。

木こそ地産池消

日本でもドイツを見習わなければなりません。私は食べ物に関して「地産地消」（そこでできたものをそこで食べる）という言葉を造りました。木こそ輸入に伴うCO_2の排出が大きいので地産地消すべきなのです。

いつか皆さんが大きくなって家を建てることもあると思います。その時は、今の皆さんが植えた木が大きくなっているはずです。皆さんの植えた木も含めて、この辺りの木で家を建てるようにしてください。原発で困っている福島県の農家を助けるため農林水産省は「食べて応援」というスローガンを作りました。木も「使って育てる」気持ちでやっていかなければいけないのではないかと思います。

今日は、中国に負けずにけがしないようにたくさんの木を植えて、日本をもっと緑の国にしましょう。

盛り土の問題は土地所有規制でしか防げない

（2021・8・3）

重要土地利用規制法の意図するもの

前通常国会で、重要土地利用規制法が最後まで揉めた。自衛隊の基地とか原発の周辺とかの周囲1㎞と国境離島を「注視地域」に指定し、政府が利用実態を調査するとともに、土地の売買の届出を義務付け、違反者に刑事罰を科すものである。これらの土地が敵対する国のいかがわしい人たちに買い占められて、日本の安全に悪影響を及ぼしてはならないという趣旨の法律である。

どこの国でも軍事施設等については、非常に厳しい規制がある。例えば空港が軍事施設としても利用される場合は、空港の景色をカメラにとどめようとしても止められることがある。どこの国も安全保障には敏感だが、日本はのどかな国であり、そういった規制は今までほとんどなかった。だから法律の趣旨そのものには何ら問題はない。

日本の森林は外国人に買われている

それを最近、重要な国境地帯、典型的な例でいうと対馬の港や自衛隊の施設の周りの土地が外国人に買い占められていることが問題にされだした。それよりも前に二束三文の森林が中国資本に買い占められているということは、元農水省林野庁の平野秀樹が『領土消失―規制なき外国人の土地買収』（２０１８年）で指摘している。しかし、いくら外国人に土地を売らない、所有させないと言ってみても、ダミーの日本人の名前を使えば、簡単に売買も所有もできることになる。

そういった野放図な状態にメスを入れるために重要土地利用規制法が考えられた。私は、安全保障上の理由で土地の所有、利用、売買等を規制することには何ら反対するものではなく、むしろ遅きに失したと考えている。

唐突な私権制限に繋がる恐れから野党は反対

国家の安全なり原発施設の安全には相当神経をとがらせて当たらなければならないが、だからといって調査対象や調査内容が曖昧なままで、私権を蹂躙しプライバシーが侵害されてはたまらない。その歯止めはどこにあるか分からないので我々野党は反対したが、通常国会最終日の6月16日未明に成立した。

熱海の土石流の原因

そうした時に熱海市伊豆山の盛り土による土石流によって多くの命が失われた。これについては詳しく新聞報道されているので、私があれこれ述べるまでもないが、2000年頃からそれこそいかがわしい不動産業者や産廃業者が跋扈し、所有者がくるくる代わっていった。一応盛り土は届け出なければならないものの、15mまでの盛り土しか許されないのが50mにもなっていたという。要は熱海市がいくら厳格な管理をしようと思っても届け出の時以外に規制はできず、無理なのだ。その地には何の縁もなく、ましてその山林を利用して山の木を育てるという目的など更々なく、ただただ産廃や土の捨て場所を求めて買い漁っているだけの人たちは、端(はな)からルールなど守ろうという気がない。ただ余計なものを安く処理することだけが目的であり、後は「野となれ山となれ」なのだ。農地と違い山林は誰でも所有できることになっており、それがこういう結果を招いているのである。

産廃や建設残土はそこら中に埋められている

どこでも悪いことを考える者がいる。得体の知れないよそ者が、悪い企てを隠して勝手なことをしようとするのだ。図式は自衛隊基地や原発の周辺に群がる輩と何ら変わりはない。その地に根付いている人たち、地元の人たちは、周りの人たちに迷惑をかけることは絶対にしようとしないし、できない。ところが、ひと儲けを企むよそ者にはそんな気持ちはひとかけらもない。

高度経済成長時代には膨大な産業廃棄物や建設残土が出ている。その捨て場として標的にされたのは千葉県や埼玉県の遊休農地、平地林であり、産廃銀座と呼ばれた。所沢では見えない林の中でゴミが焼かれダイオキシン汚染が問題となった。千葉県は農地が農業などに使われることなく、産廃が勝手に埋められたのである。いくら後でいろいろ言っても後の祭りで、泣き寝入りするしかないというケースが相当多くあった。ダンプに産業廃棄物を積んだトラックが千葉の田舎のほうに相当流れていた。ゴミマイレージ（ゴミを運ぶ距離）は少ないにこしたことはないからだ。

もっと昔の話になるが、1996年岐阜県の御嵩町（みたけちょう）でも谷がいつの間にか産廃の捨て場になり、その揉め事で町長が襲われる殺人未遂事件まで発生した。しかし、こうしたことはいつの間にか記憶から消えてしまっていた。高度経済成長が終わり産業廃棄物の規制が進んだりしていくらか下火になったが、まだこのような悪事が行われているのだ。

いずれ傾斜地の太陽光パネルによる土石流が発生する

これも変な人たちが農地を借り、変な人たちが山林を買って勝手に利用することから生ずる事例である。「自分の土地をどう使おうが文句あるか」というのが理屈である。そして熱海の谷もそのように使われたのである。所有者が転々とし、誰が責任を持ってその土地を管理しているのかも分からない。土石流の発生した谷の隣に帯のように太陽光パネルが置かれているのが目に映った。これもいずれ役に立たなくなった時に放置され、太陽光パネルから廃液が流れていってまた山々もその下流の住宅地や田畑も汚すことになるだろう。太陽光パネルの下には草木は生えず、何年も経つと地盤が緩んでいく。そしていつしか、古ぼけた太陽光パネルとともに土石流が発生する恐れがある。再生エネルギーの美名の下、美しい日本の国土が汚され、後世代にツケを回しているのである。

土地利用規制はどこでも必要

自衛隊の施設や原発施設の周りの土地利用規制に血眼な政府が、日本の山林等の土地利用については疎く、今回のように日本人の命を危険にさらしているというのは矛盾以外の何ものでもない。規制が必要であり、これこそ絶対的な規制、つまり盛り土や産廃の廃棄は禁止すべきなのだ。日本は何かにつけ金儲けを優先し、便利さを追求し、安全をないがしろにし、規制を怠ってきたのである。それどころか、規制緩和の大合唱で来ており、未だその姿勢を改めようとしない。安全も環境も規制する道以外では守れないのだ。今猛威をふるっているコロナも飲食店や商店の営業規制、そして外出規制をしなければ感染防止はできないのだ。根は一緒なのである。マスコミ論調も評論家もこうした理論的な矛盾に全く気がついていない。

農地をよそ者に所有させるべきではない

農地の株式会社による所有問題もその延長線上である。日本の経済界が農地の土地所有を農民だけに限っている農地法の改正をしつこく迫っている。国家戦略特区で農地の株式会社による所有を許し、その結果うまくいったらそれを全国に広めるというのだ。愚かとしか言いようがない。農地を使うといって買われた土地が、いつのまにか産廃や残土を埋める土地に変わるのは目に見えている。農業をやることになっているが、まずは転売利益であり、農地以外への自由転用なのである。そしてその行き着く先に産廃の埋め立てである。これは最初から規制しておかないと防ぎようがない。

土地利用について、これらの一連の悪巧みを阻止するには、そこに住んでいる人、責任の伴う人以外に土地所有を許すべきではないということなのだ。自衛隊基地周辺も熱海の山林も農地も皆扱いを同じにするべきなのだ。それをつぶさに教えているのが、熱海の土石流の発生である。でたらめな人に山林の所有を許した成れの果ての姿である。

長野市の西山ヒルズが脚光を浴びる日

（２００９・12・31）

中山間地域の活性化問題

私は常々、中山間地域の問題に関心を持ってきている。農林業の衰退の様相が最も如実に現れているからである。その延長線上で、国会議員になってから支持者訪問を長野県の一番北の果ての栄村から始めた。そのあと、長野市の訪問先に最初に選んだのが西側の中山間地域の芋井地区であった。２００４年の3月・4月芋井地区を回った。景色が良く、いいところではあったが、ご多分に漏れず廃屋が多く過疎化が進んでいることがよく分かった。この地域の活性化のために何ができるかと自問自答しながら訪問した。

そうした中、前回（２００９年）市長選に出てもらい、残念ながら敗れてしまった小林計正さんが、同じ区域の影山地区にずっと住み続けており、「こんないいところはない」と言っているのには、全面的に共感し、心強く思ったことを覚えている。

5年振りの西山地区回り

２００４年の6月、鹿野道彦予算委員長からアドバイスを受けた。「どこを回っているのか？」という問いに対し、「中山間地域が大変なので、長野市の人家のあまりない中山間地域を回っています」と答えたところお叱りを受けた。「何を馬鹿なことを言っているんだ、小泉は必ず郵政解散をする。もっと人口過密地帯を回っておかないとダメだ」と言われた。その当時、郵政解散などと言っている人はいなかった。しかし、鹿野さんに言わせると、「同じ清和会で、当選回数では小泉さんが一期上。あまり相手にする人がいないんで、酒も一緒に飲んでやったこともあるが、ともかく変わっていて、郵政民営化さえできればあとはどうでもいいと思っている。それだから、必ず郵政選挙をぶつけてくる。解散したくてしょうがないんだ」ということであった。

私は、総称で「西山」と呼ばれる芋井・小田切・七二会地区を回る予定だったが、鹿野さんの指示に従って取りやめた。そして、住宅地の浅川と若槻を回っていたところで、鹿野さんの予見通り、8月8日急に解散し選挙となった。その鹿野さん本人は、解散できるわけはないと言っていた亀井さんは当選したのに、残念ながら議席を失ってしまった。

自然の景色が溶け込む恵まれた環境

今回3度目の選挙（２００９年）では小選挙区で当選したので、それではゆっくりと再び中山間地域の現状を見なければということで、七二会地区、小田切地区と回り始めた。

あれから5年、その間にも廃屋はもっと増えてしまっているのだろう。どこに行っても、おじいちゃんとおばあちゃん、あるいは、おばあちゃんだけのところが圧倒的に多い。ただ、きちんと掃除をし、周りの畑に野菜をきちんと作っておられるのを見ると感動する。

この景色の良さを誉めると「景色では食っていけねさ」と言う人もいるが、「これが好きでここを離れないんさ」と言う人もいる。一様に子供たちが去った寂しさが漂っているが、いつか帰ってきてくれるのではないか、という期待感も感じられる。一言二言会話をすると、いろいろな思いが伝わってくる。そして、次々に去る人が多い中で、必死で生きていこうとしている人のために政治が何とかしなければ、という思いをますます強くする。

人情味あふれる人々

どこの家にも大体柿が見事に実っている。しかし、収穫されずにそのまま冬を迎えようとしている。昨年、熊が柿を食べに出没している場面が全国ニュースとなったが、むべなるかなであった。私は、りんごや桃を生産する農家に育ったが柿も好物の一つだ。何軒かの軒先では自らとらせてもらい賞味させていただいた。お年寄りにはとても大きく、高い柿の木では収穫できない。もったいないかぎりである。

白菜、野沢菜の収穫期と重なり、あちこちで大きい白菜をいただいた。秘書も含め、水炊き用にたっぷり使わせていただいた。お茶の誘いを受けることもしばしば。ともかく皆が優しいのだ。

将来の○○ヒルズの可能性

久しぶりの西山地区の訪問で、私が常々疑念に思っていたことがますます募ってきた。それは、長野駅から車で来ると20分、あるいは、小林計正さんの家なども県庁まで15分、そういった便利なところが過疎になるという不思議である。私の秘書のKはアメリカの生活が長い。彼がいみじくも言った。「代議士、これアメリカだったら何とかヒルズで、高級住宅街ですよね」。その通りである。私が抱いていた気持ちと全く同じなのだ。ヒルズは六本木ヒルズやビバリーヒルズ（ロサンゼルスの高級住宅街）ばかりにあるのではない、身近にもあるのだ。遠くに北アルプス、槍ヶ岳を見渡せるところもある。長野市を一望の下に見渡せるところもある。春先は山桜も咲いてさぞかし綺麗だろうということが想像できる。春先にもまた来てみたいところだ。

ところが、なかなかそういう人は少ない。ただ訪問しているとそういう人たちにも出くわす。七二会の某地区でちょっとしゃべり方が違う、地元の人ではないということが会話をしてみるとすぐに分かる人がいた。周りの人から聞いたところによると、あまりにも景色がいいので週末中心の住む家としている人だという。その隣の家も改築中で、そこにも新住民が住むことになっているという。Iターンで民宿をしている人もいた。退職後、週末には戻ってきている人もいた。それぞれの事情があり、態様は様々だが、何らかの形で関わりを持とうとする人たちが増えてきている。いわゆる関係人口が増えているのだ。人情味があふれる人々と自然の美しさが一体となって溶け込んでいる。まさに癒しの里なのだが、どうもよそ者のほうがこの貴重な価値が分かるのかもしれない。

小さな動きであるが、これが大きな流れになっていくだろうと期待せずにはいられない。

もう一つ、こういう人たちの前に、芋井、七二会、小田切で生まれ育った人たちが戻ってくることが一番望ましい。団塊の世代に属する一年先輩のお宅がそうであった。寄っていけと言われ、お茶もいただき、Uターンの経験もいろいろ伺った。奥さんがお勝手に行っている間に、「よく奥さんが承知したですね」と小さい声で訊ねたところ、「いや違う、妻が近所の村出身で、両親の介護のために妻のほうが早く帰って来たいと言ったから帰って来たんだ」という答えだった。住み着いて農業をやっていくという決意を述べておられた。頼もしい先輩である。まだ歳は62歳、80まで20年近くもある。この間に息子が帰って来、孫も夏休み冬休みに来てこの地に愛着を持ってくれる人たちが増えていけばうれしい。その中にずっとここに暮らしたいと思う若者も育っていくに違いない。

のどかなところで教育を

こういった傾向がますます顕著になることは間違いないと思うが、どうも聞くところによると、長野市街地に下りている人たちが多い。確かに、ガソリン代はかかるが、中野から長野に通うよりずっと時間もかからない。何よりも自分の生まれ育ったところである。多少不便でも両親もいて畑もある。景色もいい。それをなぜ離れていくかを探ってみると、いろいろ事情は違ったが、共通する理由は、遊び相手の子供たちが少ないということにもあるようだった。つまり、お年寄りばかりが残り、遊び友達も少なくなるので、仕方なしに市街地に下りてくるというのだ。その結果、小田切小学校・中学校が廃校になっている。

それならば、対策はある。私はスクールバスを使って長野市内の小学生・中学生を中山間地の小中学校に逆に連れてきて、こんな空気のいい風光明媚なところで勉強させて、夕方になったらスクールバスに乗って帰っていくということを考えてもいいのではないかと思っている。これは別市町村では制度的にややこしくなるが、合併しては大きくなってきた大長野市なら市立小中学校なのですぐにできる話だ。こうした逆転の発想も大切である。

日本に必要なグリーン・ニューディール

（２００９・１・６　北信ローカル新春号）

海の向こうのアメリカでは、未曾有の経済危機に際し政権交代し、経験の浅い黒人の新大統領に国の舵取りを託している。それに対し、日本は大変な時だから、選挙など先送りして今の自・公政権でなんとか凌いでいこうという引っ込んだ姿勢である。サブプライムローン問題で世界の景気を悪くしたアメリカこそ大統領選など後回しにして対策を講じなくてはならないのに、1年以上かけて大統領選をしてきた。彼我の対応の差である。

そのオバマ次期大統領は、グリーン・ニューディール政策という耳慣れない言葉を掲げている。その一部はもう始まっており、トウモロコシから燃料が作られ、穀物価格が高騰し、中西部の穀物農家は、史上最高の所得を得ているといわれている。こうした環境政策を大胆に実行し、景気を良くしていこうというものである。一方、日本では、雇用情勢が悪化し、トヨタ、ソニーといった日本を代表する企業がリストラし始めており、大問題になりつつある。外需に依存する体質を改めなかったツケが回ってきたのである。

私は、農業再生プランを2004年に作成して以降、2006年から林業再生プランの作成に入り、07年夏、「森と里の再生プラン」をまとめた。長野1区内の殆どの製材会社に、この提言冊子を自ら持ち歩いた。そこで、予想した以上の惨状を目の当たりにした。殆どの製材会社が製材をやめ、単なる木材流通業者になっていたのである。

もともと、製材所など、原産地、つまり木材を切り出す近くにある。なぜならば、遠くに材木を持って行って製材すると輸送コストがかかり、採算が合わなくなるからだ。しかし、日本の木が切られなくなり、それがままならなくなっていた。我々の祖先が一生懸命植えた木が放置され、そのままになっており、裏山の木で我が家を建てようとしても、金がかかり過ぎ、やむをえず外材で建てざるをえないというトンチンカンな事態になっている。政治の貧困以外のなにものでもない。70年代は、日本とドイツの林業は同じ状況であったが、ドイツは林業にテコ入れしたのに対し、日本は輸入に任せ無策が続いた。その結果、ドイツは木材の輸出国になり、日本は自給率20％に下がってしまった。環境の世紀の今、日本にこそグリーン・ニューディール政策が必要である。

私が、15年前、ＯＥＣＤ貿易と環境委員会でさんざん議論をたたかわせたＤ・エスティが今やアメリカのエール大学の環境法の教授となり、オバマ次期大統領の環境問題のスタッフ入りしていた。彼の著書『Green to Gold』は日本でも密かに読まれている。つまり、緑に関わることがお金になるという話である。

それに寄与しつつあるのが、我々のまとめた林業再生プランである。大きく出て百万人の雇用拡大というのを目標に掲げている。つまり、治山を国の政策として位置付け輸出産業のために働いた人たちも田舎に戻って山の整備をしようということである。このような思い切ったことをしなければ、日本の山は再生できないし、今の雇用状勢の悪化は是正できないであろう。財源は、CO_2を出すガソリン、車、道路に関わる道路特定財源である。CO_2を森林が吸収してくれるのだから、理屈もつく。

内需拡大といった場合、その中心になるのは、農業、林業、漁業等第一次産業である。太平洋ベルト地帯に移動した人口をなだらかにまた元に戻さなければこの国は再生しない。要は、極めて大胆な政策をとらないかぎり、日本の再生はない。日本もアメリカ以上のチェンジ（変革）が必要である。

（2006・11・21）

熊野古道と林業視察

岡田元代表の親戚、速水林業

国会開会中だが、農林水産委員会もないことから2006年10月29日から11月3日まで、香港政庁の招待に応じ、マカオ・香港を視察し3日の夜に帰国した。

翌4日は、民主党の農林漁業再生本部・林業再生小委員会で三重県の熊野・尾鷲を視察した。尾鷲の隣の紀北町の速水林業は、堅実な林業経営で知られ、岡田克也元代表の親戚ということもあり岡田さんの日程に合わす形で訪問することとなった。すっかり民主党の農山村行脚の顔となった菅直人代表代行も、農林関係議員、地元議員とともに参加した。

日頃の健康を示す

熊野・尾鷲や和歌山南部は、東京―名古屋間で2時間、名古屋から尾鷲までJRの特急で3時間というルートで5時間以上かかる。おそらく陸路では「東京から極端に遠い地域の一つになる」であろう。

それでも名古屋を早朝に発った特急列車は尾鷲に着く頃には満員であった。「熊野古道」が世界遺産に登録されて観光客も増えたと聞く。我々の視察の第1歩も尾鷲に残る熊野古道を歩くことから始まった。

地元の観光ボランティアの方の先導で30人位の一団が古道を歩く。石畳の道と聞いていたが、山道に石が敷かれている姿はむしろ石段と言ったほうがぴったりだ。尾鷲は日本一降雨量の多い地域なので、雨で山道の土砂が流れないように石畳を敷いたとか。昔の人夫は、これをかついで登ったそうで、その報酬は1日米1升だとか。ところどころに排水路が設けてあるなど、非常に考えて作られているのに感心することしきりだ。

私は普段から支持者訪問をして歩き回っているので、ボランティアの方と一緒に歩いていったが、後方はずいぶん離れてしまう。遅れたのは誰とは言わないが、普段の活動の差がこんなところにも出た。あまり冗談を言わない岡田さんが、「足腰が弱い民主党と言われないように、皆真剣になって歩いている」と笑った。

手入れの差が出る山林

尾鷲市と紀北町との境の馬越峠で一息つく。登りの尾鷲市側の山林は、植林されているヒノキも細く、ところどころに間伐したまま打ち捨てられている木々も目につく。率直に言うと荒れた林というイメージがある。

ところが、紀北町へと降りていく道の木々は幹もしっかりしていて間伐もなされており、下草も生えている。聞けばこちら側が、速水林業が管理している林だとか。

熊野古道を降りて、昼食をとりに速水林業所有の別の山林へ。速水林業はこの尾鷲近辺に1070haの山林を所有している。その中の一つの山林で昼食をいただく。うれしいことに、「めはりずし」や地元の食材を使った惣菜など地産地消のお弁当だ。

昼食を終えて、速水林業代表の速水亨さんの説明を受けながら再び森林を歩く。速水林業では「美しい山造り」「誰が見ても納得のいく林造り」をモットーとしているそうだ。現在林業が振わなくなっているが、それは国産材の需要が減ってきているからだ。なるべく国産材を使ってもらう。そのためにも美しい森林を保全し、そこから切り出された木を使おうと思ってもらえるよう努力しているとのこと。

確かに管理する森林の中には100年前に植林された区域もある。そこは、針葉樹のヒノキがしっかりとした幹で立っており、手入れの行き届いた林から漏れる光でシダ植物や10年生くらいの広葉樹も生い茂っている。心和む美しい森である。

国産材を使う場合でも森林まで足を運んで木を選ぶ人はいない。でも、ここを訪れた人が日本の森林の良さに気付いて国産材を使用してくれるかもしれない。そんな願いを込めて森造りをされている心意気を参加者一同応援したい気持ちになる。消費者を見据えた林業経営は、林業再生の基本になるかもしれない。

熱を帯びた意見交換会で木も地産地消と主張

林業にかすかな希望の光を見出した一行は次の会場へと慌しくバスで移動する。今度は熊野市に入り、三重県森林組合連合会の皆さんと懇談会だ。

まず菅代表代行が、「農山漁村を子育てに適した地域として再生する」との持論を披露して、農業・漁業に次いで、年明けにも林業政策をまとめたいので、皆さんからご意見をお聞きしたい、と挨拶をした。

三重県は県土面積の65％が森林である。森林組合の加盟組合員も2万２９１３人と全国平均の９０５人を大きく上回る。そうした中で組合員の皆さんから現状をお聞きする。

この地域も人口流出により山林所有者が村にいないため、境界線が分からず、作業がしづらい。林業従事者も高齢化が進んでいる。また、木材価格も5年連続下がり続けている、等のご意見。

これを受けて私も発言した。「岩手県の紫波町では、町の小学校はすべて町産材で造っている。

気の利いた行政ならば林業振興の道はつくれる。木材のような重いものを海外から運んでくるのは、環境負荷が高過ぎる。食べ物と同じように、木も地産地消を行うべきで、民主党は林業再生のために林家（りんか）への直接支払いも検討している」と挨拶した。

後輩とのエール交換

予定していた時間をオーバーしても、さらに皆さんから意見が出されるなど非常に活発な意見交換会となった。今後も皆さんの意見をお聞きする機会をつくることを約束して、最後の会場となる小学校での国政報告会に向かった。

近くの小学校では、来年の参議院選挙で3期目を狙う高橋千秋さんと地元の萩野県会議員の国政・県政報告会が開催される。そこに、菅さんとともにゲストでお招きをいただいたのだ。

報告会には、私の農林水産省の後輩にあたる河上敢二熊野市長も来賓として出席していた。市長挨拶では、「篠原さんは農林水産省時代の大先輩にあたり、民主党の農業政策の頭脳だ」と紹介していただいた。

これを受けて私も「河上市長は、役所にいた時は少しトッポイところもあったが、市長になるとたいしたもので、こんな立派な挨拶もできる」とべた褒め（?）しておいた。

東京まで5時間もかかるので、17時半には会場を後にしたが、日帰りのため、とにかく慌しい、しかし中身の濃い視察になった。

これをもとに、日本の林業や山村の再生のため、そして来年の参議院選挙の勝利のため、民主党林業再生プランをしっかりまとめていきたい。

（2011・1・25）

丸太関税ゼロで疲弊した中山間地域

小さ過ぎるTPPによる林業の生産減少試算

2010年10月1日、菅直人首相は所信表明演説で、唐突に「TPP（環太平洋パートナーシップ協定）交渉への参加を検討」と表明した。

TPPとは、普通の貿易協定であるFTA／EPAとは異なり、10年後には例外なくすべての物品の関税をゼロにするという、より過激なものである。日本も2国間のFTA／EPAは既に13ケ国と結んでいるが、いずれも米等の例外が設けられている。

その折、農業への影響試算として農林水産省の出した、農業生産額4・1兆円減少が過大だと批判を受けた。1週間後、漁業4200億円、林業500億円と公表され、数字に強い人は、林業がなぜそんなに大きな影響を受けないのか疑問に思われたに違いない。答えは簡単。林業は既にとっくの昔から関税ゼロの影響を受けており、これ以上打撃を受けないところまでズタズタにされているだけのことなのだ。

関税自主権を放棄する愚行

1951年、占領下で日本が関税自主権も失っている中、丸太の関税がゼロにされた。サンフランシスコ講和条約が成立する直前の関税撤廃であり、北西部（ノースウエスト）から日本に木材を輸出せんとするアメリカの企てを感じざるをえない。

今は関税ゼロにするのが善で高い関税が悪のように言われているが、関税自主権こそ独立国家の証である。明治政府が、江戸末期に押しつけられた関税自主権もない不平等条約を、必死で是正せんと外交を繰り広げたことを忘れているのである。更に、1964年、外貨割当制度がなくなり、製材の関税もゼロとなり、木材の完全自由化が完成し、今や合板の関税が5％残るだけとなっている。

国の形を歪め、森を壊した丸太・製材関税ゼロ

この間の林業の疲弊、中山間地の崩壊には凄まじいものがある。1970年から2000年までの30年の間に14万集落のうち5％の7543集落が消え、限界集落が急増した。2010年の

国政調査では、更に、３０００集落が消えている。同じ間に木材の自給率は95％から18％に下落した。

木材の価格は最盛期の４分の１に下がっている。米価も最高値の２万４０００円（60kg）から半分の１万円そこそこに下落したと問題にされるが、その倍の下落なのだ。同じ期期に高校や大学の新卒者の初任給が18～24倍になっているのと比べると、いかに採算が合わなくなっているか一目瞭然であろう。その結果、伐採しても赤字になるだけとなり、間伐等の手入れをしても採算が合わなくなってしまった。これでは山が荒れ、中山間地域に人が住めなくなるのは必定である。

戦後復興に木材を必要とする国内事情

それではなぜ、林業では50年も60年も前に関税ゼロの自由化がなされたのか疑問に思われるはずである。前述の占領軍（アメリカ）の悪い意向という外からの圧力はあったものの、そうせざるをえない国内の事情もあった。

戦後の復興で木材需要が急増し、あちこちの山の木が伐り出された。戦争中の無謀な伐採に拍車をかけたことから、日本の山村は禿げ山にならんとしていたのである。慌てた政府は、伐採した後の植林を奨励した。私の祖父母の世代が、急峻な傾斜地にもそれこそ必死で木を植えたのだ。しかし、木は伐採まで数十年かかる。今の需要には追いつかず、木材を自由化し、旺盛な建築需要に応えざるをえなかったのだ。ここまではやむをえないとして、ある程度許されることではある。

木造建築を抑えた愚かな政策

そこに更に追い討ちをかけたのが、政府の間違った判断であり、誘導だった。１９５０年、火災を恐れて木材で公共建築物を建てるべきでないと言い出し、「都市建築物の不燃化の促進に関する決議」（衆議院）をしている。１９５５年には森林過伐を抑えるため、「建築物の木造禁止の範囲を拡大する閣議決定（木材資源利用合理化方策）」までしている。森林退化を問題にしたのは、今の環境問題を考えると先見の明のある政策決定であるが、需要を抑えるために木造建築を抑えるというお達しは、明らかに行き過ぎである。

同じ頃、米も自給できず、アメリカからＭＳＡ小麦という安い余剰小麦の輸入を迫られていたことから、池田勇人大蔵大臣は「貧乏人は麦を食え」とのたまわった。米は生産者米価を高くし消費者米価を低く抑え、政府は逆ざやが発生していたのに対し、小麦は安い小麦を輸入し高く売って順ざやが発生したのである。今と同じく財政規律を重視した大蔵大臣は、学校給食にも輸入小麦を使ったパン食を導入するという世界でも稀に見る愚策に走り、日本の農業や日本人の食生活を歪める元凶となった。

パン食とコンクリート校舎

今考えると、外国産木材、外国産小麦に頼り、国産材や国内農産物をないがしろにする区分けは、それこそ愚かな政策決定であった。しかし、素直な国民は、政府のお達しに従い、パンなど殆ど食べたことのない地域でもパン給食が始まり、田舎の校舎までコンクリートで造ることになった。

一方で高度経済成長期を過ぎると、安い輸入木材に押されて国産材はさっぱり売れなくなった。こうして、多くの山林は、手入れの値打ちもなくなり、放置されることになった。その結果が、前述の限界集落化、山村の消失である。そうした中、小麦も大豆も輸入に任されてしまったが、一方、米だけは別格で生産奨励され優遇された。そして、皮肉なことに１９７０年代後半からは米余りとなり減反、転作を強いることになった。そして遅ればせながら、１９９０年代になってやっと米飯給食の声が挙がり始めた。

米は７７８％の高関税で守られ、いつも批判の対象となるが、この高関税故に農村が山村と同じにならなかったのである。

当然の国産材利用、公共建築物の木造化

時は流れ、２０１０年、米飯給食に遅れること20年余、やっと公共建設物木材利用促進法により、低層の公共建築物はなるべく国産材を使うべし、と１８０度方針が逆になった。日本の山には祖先の植えてくれた木が大きく育っている。合板技術も進歩し、間伐材も有効活用できる形になりつつある。道路網を整備し、製材工場を維持できれば日本の木材はいくらでも使えるのだ。森林・

林業再生プランで、民主党政権は林業活性化を成長戦略の一つと位置付けている。

米の関税をゼロにして、農村までもズタズタにせんとする愚かな政策が急に走り出した。例のＴＰＰである。これがいかに愚かな政策かは、林業の衰退、山村の荒廃を見れば明らかである。

私は二度とこんな政策ミスは犯してはならないと肝に銘じている。

6章

風土に人あり志あり、希望あり

私は、1980年から国会議員になる2003年までの間に、週末にあちこち講演して回った。いつしか地方の立派な人たちに会うのが楽しみになった。農は人を造る。私の出会ったごく一部の人を語ってみた。

市民権に次いで「村民権」も得た金子さんの有機農業

（2011・2・21）

心が晴れ晴れすることを報告したい。

有機農業による村づくりで天皇杯受賞

昨年（2010年）末、12月26日（日）、私は久しぶりに埼玉県比企郡小川町にいた。私の30年来の友人、金子美登・友子ご夫妻の霜里農場のあるところであり、平成22（2010）年度農林水産祭むらづくり部門天皇杯受賞のお祝いに駆けつけたのだ。

金子さんは、私と同世代の農業者大学校の第1回卒業生で、1971年以来ずっと有機農業をやってこられたが、それが集落全体に広がり、関東農政局管内では久方ぶりの村づくり部門天皇杯に繋がったのだ。

変人扱いされた有機農業

金子さんの霜里農場は、有機農業の世界ではとっくの昔から有名である。研修希望者は引きも切らず、外国人もひきつけられて来る。いってみれば、埼玉県の隠れたパワースポットなのだ。

本人は人格者であり、愚痴ったのも聞いたことがないが、近所の農家にはなかなか受け入れられなかった。１９７５年、金子さんはヘリコプターによる農薬散布に反対し、村人からは変人扱いされていたこともあり、農家は見向きもしなかった。

徐々に手を差し延べる近所の仲間

有機農産物の産直は当然行われており、金子さんにはファンが多くいたが、近隣で最初に手を差し延べたのは、晴雲酒造の無農薬酒「おがわの自然酒」、小川精麦の「石臼挽き地粉めん」であった。それでも、20年近く経っていた。

ようやく近隣の農家で金子さんの有機農業を皆で学ぼうという姿勢が出てきたのは、金子さんの就農から30年後の２００１年である。当時の安藤郁夫下里機械化組合長が、若者が有機農業を学びに集まる金子さんに指導を頼みに行ったのである。こうしてやっとのこと有機農業を柱とした村づくりが始まった。

それから天皇杯までの10年はまさにトントン拍子だった。大豆から始まった有機農業の対象も２００３年に麦、２００６年には米にまで広がった。２００３年には昔から小川町で作られていた大豆の在来種「青山在来」も復活した。

大変貌を遂げる下里地区

約30haの田畑が、小さな丘にすっぽりと囲まれた下里地区は、大変貌を遂げる。安心安全を求める人たちは、下里の大豆も米も麦も相場の倍以上で買い取ってくれる。例えば今年度下落が著しく、1俵が1万2000円ぐらいになってしまった米も3万円である。農林水産省はTPPで関税ゼロにされたら、米もコシヒカリ等の超高級米の10％しか残らないと試算しているが、下里の米は、まさにこの残る10％に入る米である。

広がる支援の輪、復活する自然

そして、農村の有縁社会を地で行き、オクタという会社が、社員に有機栽培米を届けることで協力を始めた。農薬をやめたときからトンボの種類も増え、カブトエビ等も増えてきた。2009年には直売所もできた。

畦道には彼岸花も植えられ、散歩に来る人たちも増えたので、休むベンチもでき、住民同士の交流の輪も広がった。07年には農地・水・環境対策も取り入れられた。10年には、30戸の全農家が参加する有機農業の里となった。

市民権から村民権へ

金子さんは全国の有機農業のリーダー的存在だったが、やっと近くの人たちにも受け入れられたのである。

有機農業は1992年に農水省に有機農業対策室が設置されるなど、それなりの市民権は得ていたが、やっと村民権を得て集落でも受け入れられるようになったのである。近くの人に受け入れられるのが一番難しいのだ。金子さんの指導を受けた安藤さんも農業をやって50年、初めて農業が楽しくなったという。そしてついに国も天皇杯をもって有機農業を認知することになった。一人黙々と有機農業に取り組んだ金子さんにとっては、それこそ長い道のりであったに違いない。

「霞が関出張所員」として

50年前は、有機農業は変人・奇人のやること。『複合汚染』（有吉佐和子著）が広く読まれたのは1975年、日本有機農業研究会が設立されたのは1971年、私が初の論文「21世紀は日本型農業で」をきっかけに、一楽照雄代表幹事に全国あちこちの有機農業の会合に引っ張りまわされ始めたのは1982年。その頃に初めて金子さんの農場を訪れている。従って私と金子ご夫妻の付き合いもかれこれ40年余りになる。それ以来、日本有機農業研究会「霞が関出張所員」（メンバーがつけたあだ名）を務め、国会議員になってからは、ツルネン・マルティさんと並んで有機農業の大応援団を形成している。

政界の金子さんの有機農業グループ

私は金子ご夫妻との縁で、多くの仲間と知り合いになった。OECDにいた頃、金子さんに日本の環境NGOの一人として来てもらったが、そこに一緒に来られたKさんは、お医者さんの奥さんで食の安全から有機農業の信奉者で、ずっとお付き合いさせていただいている。感度のよい五十嵐文彦衆議院議員は、忙しいのに有機農業の会合によく顔を出しておられた。参議院議員となる前の小川敏夫さんに初めて会ったのもこの頃である。私が選挙に出ると知ったこのグループの皆さんは、わざわざ長野まで応援に来てくれた。縁は異なもので金子友子夫人は菅直人首相の20代からの友人ということもあとで知った。すべて金子さんの有機農業が引き合わせてくれた縁である。

健気な役所の後輩に心も晴れ晴れ

年末の押し迫った26日、私は県議選を控え、地元にすぐ帰らなければならなかったので長居はできなかったが、お祝いの会合は町長や松崎哲久衆議院議員も参加した和やかなものであった。地産地消よろしく地元の美味しい食べ物がテーブルに並び、美味しい酒も土産にいただいた。

心が温まることがもう一つあった。

この祝賀会には、一人で出かけた。会場に着いてみると、農林水産省の現役官僚が何人もいたのでオヤッと思った。宮本敏久関東農政局長、埼玉県農政課長に出向経験のある山田修路審議官、松尾元農業環境対策課長等である。彼等も公務と関係なしにお祝いに駆けつけていたのである。皆、金子さんとの個人的な付き合いからの出席であり、金子さんの人徳のなせる業であろう。

天下りで叩かれ、給料が多いと叩かれている役人だが、こうした交流をしている役人は他の省庁にはそれほどいまい。農林水産行政が人の交流とともにある証左である。

大事な年末の休日をわざわざ潰して出席していることに頭が下がり、彼らの健気さにほっとし、晴れ晴れとした気持ちになって会場を後にした。

（2016・1・2）

食料をないがしろにする風潮を憂う親農派野坂昭如の遺言

私は、1982年に『21世紀は日本型農業で―長続きしないアメリカ型農業』を書いてからは、農林水産省の役人としては珍しく黒子ではなく、表に出ざるをえなくなった。原稿や講演等を頼まれていた。

親農派三態

その時のレジメに親農派三態というものがある。農業に思いを馳せて農業が大事だと言ってくれている外部の人たちを三分類したのだ。

一つが、自然の法則から、つまり「地球の歴史」から見る人たち。エントロピー学派と呼ばれ、自然環境・国土資源の維持保全の観点から、国内の農業を振興すべきだと援軍をしてくれた。槌田敦『石油文明の次は何か』、槌田劭『未来へつなぐ農的くらし』、室田武『水土の経済学』、玉野井芳郎『生命系のエコノミー』。後に、「社会的共通資本」という概念を打ち出した宇沢弘文、室田泰弘『エネルギーの経済学』、藤田祐幸『脱原発のエネルギー計画』等がこれにあたる。

二番目は、「国家・民族の歴史」に注目する学者である。この人たちは、食料の安定供給を非常に大事にする。ヨーロッパ中世史の木村尚三郎、梅棹忠夫『文明の生態史観』、高坂正堯『文明が衰亡するとき』等が優れた文明論を展開し、国家存続のためにも、文明の維持のためにも農業が大切だと主張した。

農業を愛した作家たち

三番目は、歴史というなら「人間の歴史」ともいえるが、要は物語を書く作家である。その筆頭に、野坂昭如、井上ひさしの二人が挙げられる。他に、深沢七郎、立松和平、今も現役の方で挙げれば、倉本聰。他に詩人の山尾三省、谷川雁といった人たちである。芸術家という繋がりでは、歌手の加藤登紀子、映画監督の山田洋次、作曲家の喜多郎などもいた。要は芸術家の感性で、物事の重要性を見抜く人たちである。

いずれも経済合理性だけで引っ張られない、高い見識を持つ人たちである。

辻井喬が理解した、私のアメリカ農業劣等論

先に他の人の話をしておくと、西武流通グループの代表 堤清二（辻井喬）もその一人であった。びっくりしたことに私の論文を読んでくれていたのであろう、どこかの新聞の対談の中に、「農林水産省の篠原孝さんが『アメリカの農業がいい農業であるはずがない』と言っている」と突然私の名前が出てきた。私は、「アメリカの農業が生み出すアメリカ料理というのは、とても立派な料理とは言えない。だからアメリカの農業こそ歪んでいるのだ。バラエティに富んだ味、新鮮さ、そして文化の香りがする日本料理を生み出している日本の農業のほうがずっと健全だ」と主張していた。

どれだけまずいか試してやろう食べ歩き旅行

辻井は文章のプロであり、私よりもっと的確な表現でアメリカの農業の問題点を指摘した。「アメリカのパーティーは願い下げだ。いつも同じ無味乾燥な同じ料理しか出てこない。旅行しても、

地域の独特の食べ物がなく楽しみは半減してしまう。だからアメリカでは、『どれだけまずいか試してやろう食べ歩き旅行』しか出来ない」と断じている。言い得て妙である。財界人の中にあって、日本の地域に根差した農業と食を愛してやまなかった。

朝日ジャーナルの激突討論

そうした中、私は朝日新聞の農政担当のベテラン辣腕記者の依頼で、朝日ジャーナルで、当時華々しくデビューしていた経済学者の叶芳和と対談することとなった。日本には500万戸の農家はいらない。50万戸の農家が10haずつ耕せばいい、それから四つの革命とかを唱え、言ってみれば古典的な経済学の論理に則った農業論である。これが土光臨調の農業批判と相まって、もてはやされていた。私の農業論はそれと真っ向から対立するものと位置付けられた。

どうしても対談に参加させろと要請した野坂昭如

今は廃刊になった朝日ジャーナルは、当時は粋な大学生やちょっと理屈をこねる人たちが、こぞってステータスシンボルとして持ち歩いていた。ところが問題が発生した。その対談にどうしても野坂昭如が参加させてほしいと言ってきたのだ。賢明な編集者は泣く泣く断っている。なぜかというと3人の対談になると、篠原・野坂対叶になることが明らかだからだ。

1981年11月20日号に、『〈激突討論〉日本農業に未来はあるか　叶芳和vs.篠原孝　「大きな農業」か「小さな農家」か』、そしてその後に『論争を読んで』ということで野坂のコメントが2頁ほど追加されている。論争には参加せず、我々の原稿を読んで2頁のコメントを寄せたのである。

野坂はしぶとく「論争には参加しなくていいが、多分大論争になるのでその場にいさせてくれ」と要望したそうである。私はそれだけ関心を持たれたことに感謝の気持ちでいっぱいだった。ところが、かのベテラン記者は、野坂が口を挟みたいのを我慢するのはあまりにも可哀想なので、それも遠慮いただいて、対談のゲラを読んだあとのコメントにしたという。

価値観が似たもの同士

野坂は『「食糧」と「食いもの」の違い』のタイトルの下、思いのたけを述べている。その一部をほぼ原文のまま引用する。

「食糧」と「食いもの」の違い　‥　野坂昭如

〈前文略〉国家的見地よりして、ものものしく述べる時、つい「食糧」という、軍隊用語にかも似たる、世間に馴染み難い言葉を使ってしまう。〈略〉われわれが、日本人の主食について考える時、どうも「食糧」派と「食いもの」派に分かれる傾向があるように思う。この対談でいえば、叶氏が前者で、篠原氏は後者。

〈略〉篠原氏の意見は、古めかしくいうなら、水とお天道様をなによりの恵みとして、農地を自由にさせる、耕したい者が耕し、その耕して得られた食いもので、島国に住む人間の、生活の大本を支えようというもの。〈略〉

ぼくは、極端なことをいうようだが、農産物の国際競争力を培う、即ち、自然と拮抗して、農業を営むよりも、日本の特別に恵まれた事情はあるにしろ、太陽と水をなによりのたよりとし、自然にできるだけ逆らわぬ、なごやかな農法を、外国に輸出すべきだろうと思う。〈略〉

要は日本の大地を守ることであり、自然をこれ以上こわさないことだ。環境保全と農業は無関係じゃない。〈後略〉

最後まで戦争と飢えと戦い続けた戦士

野坂は焼け跡で1歳の義理の妹を飢えで亡くし、少年院暮らしも経験している。埼玉に住みついてからは、自ら田んぼを耕していた。

2003年に脳梗塞を患い、その後はずっと奥さんが口述筆記して原稿を書き続けたという。代表作は、アニメ、映画にもなった『火垂るの墓』であり、他に数々の文学賞を受賞している。参議院選挙に立候補した時も、「二度と飢えた子どもたちの顔を見たくない」ということで立候補した。典型的な戦中派、食料難で困った世代である。

野坂は、右傾化する日本を心配する一方、「要は大地を守ることだ」として捨てられんとしている日本農業にエールを送り続けていた。作家として、ワイセツ裁判でも戦ったが、本当に戦い続けたのは戦争とそれによって引き起こされる飢えだったのかもしれない。私にとっては、野坂は数少ない、農を語れる文化人であり、かけがえのない人だった。

一度お会いして、農業・食料についてとことん話ができたらなあと思っていたが、ついに叶わぬままお別れすることになってしまった。残念ながら今、作家で、これだけ農業に思い入れをもって発言してくれる人はいない。ご冥福を祈るばかりである。

（2019・2・25）

キノコにかけた荻原勉さんの見事な人生

地方の人生の達人に会う楽しみ

私は、農林水産省の役人時代にものを書いたのをきっかけに、あちこちで講演を頼まれて出かけていたが、途中から県庁所在地の大きな会合には行かず、小さな会合に好んで行くようになった。なぜかというと、そういった時に全国各地で農業に生きてきた人生の達人というような人たちに会うと心が晴々したからである。

参議院比例区立候補と勘違いされる

２００３年に私が羽田元総理らに勧められて選挙に出ることになり、挨拶回りに行ったら、「大勢全国にファンがいるからなぁ」と多くの人が参議院の比例区に出るのだと勘違いしていた。

今、国会議員になってからは全国行脚講演は殆どできず、同僚議員の応援に行くだけである。現役時代、私は多分日本で一番農業の現場を見て回っている人間だったかもしれない。それから15年、すっかり疎かになっている。ただ、同僚議員には「篠原教（？・）」の信者がまだあちこちに存在している、と嫌味めいたことを言われている。

地元中野市の傑物荻原勉さん

２０１９年の2月22日、私の地元長野県中野市のケーアイ・オギワラ（荻原きのこ園）の当主、荻原勉さんの「旭日小綬章」の叙勲祝賀会に招かれて参上した。何のことはない、全国各地の前に、ごく身近にも突出した人物がいたのである。中野市議会議員として43年6ケ月、そして半世紀に及び中野市のキノコ産業を引っ張り支えた大功労者である。

変遷を遂げてきた中野市農業

私は農林省（当時）に入省するまでは、日本の農業は中野市と似たり寄ったりだと思っていた。しかし、中野市の農業は他の地域と違っていた。こんなにバラエティーに富んだ作物を作っている地域は他にない。現在、ＪＡ中野市にいくつの部会があるか定かではないが、私がちょっとした論文を書いた二十数年前は26部会もあった。

果樹としてもりんご、桃、ブドウ、プラム、プルーン、ネクタリン、サクランボ、梨と何でもある。更に品種も豊富でりんごでは、ふじ、秋映、シナノスイート、シナノゴールド、王林と続き、ブドウでは巨峰、シャインマスカット、ピオーネ、ナガノパープル等何品種もある。花はシャクヤク、アスター等、野菜ではアスパラガス、丸ナスがある。そうした中で最大の売上高を誇るのがキノコである。

戦後すぐは、ご多分に漏れず養蚕が主な収入源であった。我が家でも家中が蚕臭く、跡取りとして育てられていた私はそれが嫌で、密かに自分の代になったらやめてやろうと思っていた。ところが途中から養蚕は一斉になくなり、りんごにとって代わった。お蚕様は農薬にはからきし弱く、両立できなかったのだ。我が家の例でいえば、途中でアンゴラウサギを飼ったり、タバコを作ったりもしたが、大体りんごと桃に定着していった。

経営の危険分散、労働力の分配から生まれた複合農業

そのりんごも１９５９年、台風７号・15号（伊勢湾台風）と年に２回ほど大型台風で壊滅的打撃を受けたため、台風が来る季節の前に収穫できる桃が導入された。桃が山梨県と同じようにできるのならブドウもできると取り入れられたが、甲州ブドウではなく巨峰で日本一の産地となっていった。

進取の気性に富んだ中野の農民は、このように次々と新しい作物に挑み成功させていった。個々の農家も30ａぐらいずつ数種の作物を作り、地域全体でも様々な「売り出し作物」を作り上げていった。いわゆる複合経営である。中野の多品種生産は経営の危険分散と労働力の分配を兼ねていたのである。水田の転作が問題になった時には集中する労働力からこれ以上果樹を増やすわけにはいかず、労働力の余っている春に収穫期を迎えるアスパラガスが盛んに栽培された。しかし連作障害の問題が生じて生産量が減ってしまった。

知恵と工夫と進取の気性の行き着く先にあったキノコ

そうした時に冬の労働力が余っていることに目をつけて、寒さを利用できるキノコ栽培が始まった。それに率先して取り組んだのが荻原さんである。荻原さんの住む大熊地区は「延徳田んぼ」と称される善光寺平の東側に位置し、すぐ背後に志賀高原に連なる山が切り立っており、これ以上耕地を広げることはできなかった。「延徳田んぼ」は田んぼと称されていることから分かる通り、湿地で果樹には向かなかった。そのためかつては冬の水田には中野の特産柳行季の材料になる柳が生産されていたが、プラスチックにとって代わられ、瞬く間に消えていった。そこにキノコ栽培が登場したのである。

竹原地区のような果樹に向いた扇状地、西南斜面の土地ではキノコ栽培は誕生しなかったであろう。竹原のような地の利がなかったところであるからこそ窮余の策でキノコ栽培が取り入れられたのだ。

「地の不利」を逆手にとってのキノコ栽培だったが、それを支える「人の利」にも恵まれた。阿藤博文・前JA中野市組合長は同じキノコ栽培農家であり、事務方でも今日本きのこマイスター協会理事長を務める前澤憲雄・前JA中野市常務という仲間があり、その周りにも多くのキノコ農家がいた。

中野市をグイグイ引っ張ったリーダー

荻原さんは最初から先頭に立ってキノコ栽培に邁進した。有志により文集がつくられていたが「この道ひとすじ」がタイトルであり、サブタイトルは「右手にロマン、左手にそろばん」というものであった。荻原さんの一生を端的に言い当てている。

同じキノコでも、エノキタケからブナシメジ、ナメコ、エリンギ、クロアワビタケと種類を増やしている。また荻原さんは、種菌の安定供給のために種菌の培養センターを造って中野市全体のキノコ栽培業者に喜ばれている。その結果、JA中野市は278億円もの売上高を誇っており、その8割近くをキノコが生み出している。

キノコに依存し過ぎであるが、他にシャインマスカット等のブドウも増えており、いくつもの「売れ筋」作物を抱えるＪＡ中野市は今も健在である。残念ながら私が幼い頃から手伝ったりんごの生産量が減っているのは寂しい限りである。

ＪＡ中野市のずば抜けた業績

中野市は人口４万人強の小さい市であり、農地面積も２０５３haと長野県全体の３・０％にすぎないが、生産金額では２７８億円を超える大農業主産地である。現場を知らない霞が関農政は農協改革という空念仏を唱え、合併ばかりはやし立てるが、ＪＡ中野市はずっと一市一農協で通している。先頃も近隣のＪＡみゆき（飯山市・木島平村・野沢温泉村・栄村・中野市豊田地区）、志賀高原（山ノ内町）、須高（須坂市、小布施町、高山村）、長野（長野市、飯綱町、信濃町、小川村）、千曲（千曲市）等が一つになり、ＪＡながのというどでかいＪＡとなったが、それに加わることはなかった。関係者によると、合併しないかという声すらかからなかったという。なぜなら、財政状況が群を抜いてよく合併話をしても相手にされないと端（はな）から諦めていたからである。売上高は合併した大ＪＡながのの３１０億円に匹敵する。

好ましいドン

私は叙勲祝賀会でも荻原さんを絶賛した。

　このように中野市は非常に農業でうまくいっているが、荻原さんがこうしたことの最大の功労者である。歴代のどの市長でも、農協組合長でも商工会議所会頭でも、議員たちでもかなわない。世の中に首領（ドン）と呼ばれる人がいる。日本ボクシング連盟のドンは横柄な振る舞いで放逐されたが、中野市のドンである荻原さんは周りに畏敬の念を抱かせる本物のドンである。中野市の経済界・農業界に君臨し続け、今日の繁栄をリードしてきたのである。まさに叙勲にふさわしい業績であり、心からお祝いを申し上げたい。

瀬戸内海の島で宮本常一と渋沢敬三に思いを馳せる

（2013・6・7）

佐野真一が目を付けた二人の巨人

　ノンフィクション作家の佐野真一は橋下徹大阪市長の出自に関わる記事で、今までの地道な活動に汚点を残してしまったが、私は佐野ファンの一人である。読んだ本の一つに『旅する巨人』（1997、大宅壮一ノンフィクション賞）があり、民俗学者宮本常一とその支援者で日銀総裁、大蔵大臣を務めた渋沢敬三に焦点を当てたものであった。

宿命を背負った敬三の進路変更

ただ、その本の中で私が興味を抱いたのは、それまでよく知らなかった渋沢敬三と民俗学の関係である。明治の初期、日本に欧米の様々な制度、仕組みを取り入れた渋沢栄一の孫、第一銀行の銀行員から金融界のトップを務めた敬三が、常一をはじめとする民俗学者をずっと支援し続けた。銀行員よりも民俗学者になりたかったのになれずじまい。そこでせめて貧しい民俗学者を援助しようとしたのだろう。

放蕩の末に父篤二が廃嫡され、祖父栄一が羽織袴の正装で床に頭を擦り付けて第一銀行を継ぐように懇願したため、動物学者の夢を捨て東大で英法、経済学を学び、祖父の要請通りの仕事をやり遂げている。その一方で、ずっと自らもいつの頃からか芽生えた民俗学の研究をし続けた。

民俗学のパトロンとなった理由

今は少なくなったが、いわゆる文化・芸術のパトロンは、自らなりたかった画家なり音楽家なりになれず、その分儲けた金を自分のかつての夢に注ぎ込むというパターンだった。私は明治の大富豪の孫がなぜ民俗学に傾倒していったか、一生懸命目を皿にして読み込んだが、佐野はその点については一言も書いていなかった。

宮本がのどかな瀬戸内海の島（周防大島）育ちで、それが故に日本のムラに興味を持つようになるという動機はすぐ分かったが、敬三と民俗学は18歳の時に柳田國男と出会ったこと以外、どうしても結びつかなかった。

しかし、ただのパトロンではなく、自らも漁業・漁村について学者的業績も残している。この人並み外れた民俗学への傾倒には、どこかに理由があり、きっかけがあるはずである。それを知りたいと思い、同じ佐野の『渋沢家三代』（1998）も読んで謎を探った。

篠原の一方的推理――祖父栄一への反発

そして、私の推理である。

安倍首相が祖父岸信介の保守色なり、父晋太郎の「攻めの農政」をそのまま踏襲するように、誰しも祖先を意識して生きる。敬三は栄一の偉大な功績の重圧に耐えつつ、一生を送ったに違いない。

栄一は、偶然徳川慶喜に仕え、その縁で弟徳川昭武の随員として幕末にパリに遊学する。そこで見聞きした株式会社等の制度・文化・仕組みを、次々に日本に導入した先駆者だった。近代日本資本主義の生みの親とされている。

敬三は、祖父の欧米風への日本改革に疑問を持ち、元の日本の社会のほうがよかったのではないかと思い始め、その延長線上で日本風のよさを学ぶ民俗学に肩入れしたのではないか。つまり、偉大な祖父への反発がバネになっているような気がしてならない。大渋沢家の跡取りの重圧から家を出奔し、廃嫡された父篤二と偉大な祖父栄一の微妙な関係をじっと見てきた敬三は、いつしか祖父の欧米風「日本改造」に疑問を抱き始めたのではないか。そして行き着いたのが、民俗学である。芸術なら趣味の世界として片付けられるが、少々変わった学問、民俗学というと話が違ってくる。

半端でない民俗学への傾注

25歳の時、三田の屋敷内に動植物の標本、化石、郷土玩具などを収蔵した屋根裏博物館を造っていた。民俗学への没頭こそが、放蕩の父篤二と大実業家の祖父栄一の狭間に立った悩み深き青年敬三の唯一の息抜きであり、魂の救済だったのだ。

敬三は、自分の役割をよく心得、論文を書くことではなく、資料を学界に提供することに中心を置いた。その先に国立民族学博物館があった。敬三が民俗学の発展のために投じた金は、現在の貨幣価値にすると百億円近くにのぼるという。見事な献身であるが、一方では栄一に学者への途を断念させられたこともあり、必死で自らのアイデンティティを求めたのであろう。

元の百姓に戻ればよいという達観

栄一は在野を貫き、財を一家のものとせず、「財なき財閥」といわれた。敬三は終戦時、嫌々ながら東条英機に請われて日銀総裁となり、戦後すぐに今度は幣原喜重郎に請われ大蔵大臣までさせられた。しかし、戦争時の経済の混乱への贖罪意識から進んで大きな家屋敷を物納し、ほぼ無一文になっている。

大蔵大臣を辞した1946年5月、敬三は三田のボロ家で畑を耕していた。「これから日本中を旅して全国の篤農家たちを結びつける仕事をやる」と語り、僻村・離島に出かけること480回に及んでいる。まさに旅する巨人だった。これでやっと大渋沢家の呪縛から逃れられると清々していたのかもしれない。

敬三の毛並みの良さと日本民族への並々ならぬ愛情を嗅ぎとったのであろう、若き野心的政治家中曽根康弘は、改進党の総裁に担ぎ出そうとした。しかし、当然のごとくそうした下世話な誘いに乗ることはなかった。事業家すら嫌がっていた敬三は、政治家になることはもっと嫌っていたのである。

戦後のドン底生活の時代に何というすがすがしく腹の据わった生き方だろうか。栄一以前の埼玉血洗島の元の百姓に戻ればよいと達観していたのである。

私はここに敬三の真骨頂を見る思いがする。

祖父栄一の犯した罪を償うための民俗学への援助か？

敬三は財閥の一つに生まれ金に余裕があったとはいえ、その後大学者となる若き民俗学者（岡正雄、今西錦司、中根千枝、梅棹忠夫、網野善彦等）への莫大な資金を注ぎ込んでの支援ぶりは他に類例を見ない。

なお、私はこれらの学者の本を好んで読んで大きな影響を受けている。

敬三は日本を、そして日本の社会・風習、日本人の人情・気遣いが大好きであり、それが欧米化により廃れていくことに危機感を抱いていたのではないか。つまり、祖父の脱亜入欧に反発し、むしろ日本をありのままに残したかったのではないか。

このことは、宮本や柳田の前に、江戸末期から明治初期にかけて日本を訪問して手記を残している欧米人が気付いている。この点は、渡辺京二の『逝きし世の面影』に詳しい。

愚かなＴＰＰと原発

それを今（２０１３年）、日本では国を挙げて日本をぶち壊す目論見（もくろみ）が進行中である。日本社会全体を壊すのはＴＰＰ（環太平洋パートナーシップ協定）であり、局地的かつ物理的に壊すのは原発である。

私は、ＴＰＰは簡単にいうと国境をなくし、一国と同じになるようなおかしな協定だと思っている。韓国が他の多くの国とＦＴＡ（自由貿易協定）を結んできた延長線上でアメリカと結んだところ、とんでもない内容にびっくり仰天し大騒ぎになっているのがその証である。

そもそも、移民がつくり上げた人工的な国、米加豪ＮＺ等と長い歴史を持つ日本や韓国では、簡単にいうと価値観が異なる。安倍首相は日米同盟を重視し、同じ自由主義諸国と連携していく「価値観外交」を口にする。本当の共通の価値観を貫徹するならば、アングロサクソン諸国とのTPPはありえず、東洋諸国との関係こそ大事にしなければならない。つまり、東アジア共同体なのだ。

美しい故郷、周防大島

私は、この4月の二週末を平岡秀夫候補の山口県参院補欠選挙の応援に費やし、宮本常一の故郷周防大島を訪れた。折しも、突然TPPなど言い出した菅直人元首相の街頭宣伝の場に出くわした。

農協を訪問して平岡候補の支持をお願いしたが、話がいつしか故郷に戻る人たちのことに移っていった。都会に出て行っても、定年退職した者が多く戻ってミカンづくりをしており、当然65歳以上の占める割合も高くなる。

瀬戸内海の島は美しいの一語に尽きる。4月中・下旬、瀬戸内海は芽吹き始めた頃であった。同じ緑といってもいくつにも色分けできる見事さであり、それが美しい島に見事に溶け込んでいた。私は日本の紅葉もさることながら、芽吹いた幾重もの緑の織りなす里山により愛おしさを感じる。穏やかな青い海と一体になった島はそこに生まれた人ならずとも、何となく安心感を覚える日本の原風景である。誰しもが帰ってきたくなる生まれ故郷なのだ。それが今存亡の危機に瀕しているのだ。

出でよ、第二、第三の渋沢敬三

宮本常一が生きていたら、故郷を侵略するＴＰＰも上関原発も体を張って阻止するだろう。そして、財界・経済界の重鎮渋沢敬三も、日本の伝統文化を壊しても平気な周りの金の亡者を一喝するに違いない。幸いに心ある学者は反ＴＰＰで立ち上がっているが、経済界に第二、第三の渋沢敬三がいないことは、日本の劣化の一現象かもしれない。

こうした中、美しい日本をそして日本社会を守り抜くことこそ、政治の最も重要な役割の一つだという思いをより強くした次第である。

（2020・10・30）

19歳のアメリカ人女子大生が気付いた日本の花の文化

仕方なく長野で過ごしたインターン

ローレンのことを思い出すと、なんとなくほのぼのした感じになる。ローレンはハーバード大学で日本の近代史と日本語を学ぶ19歳の女子大生だった。

縁があって私が6月から夏休みの間インターンとして東京の議員会館で引き受けることになった。しかし、国会が延長されなかったため、仕方なしに地元の長野に帰った。その時、高校の後輩のアメリカ留学帰りの日本人学生と日本語がペラペラのアメリカ人大学院生の3人を引き受けていた。

私でなく、外国人女子大生に目も口も行く訪問

当時私は、日本の美しい村の一つののどかな農村・高山村の戸別訪問をしていた。言葉の問題があり結局私がずっと一緒に連れ歩くしかなかった。ところが、私の顔を覚えてもらうための支持者訪問なのに、隣に人形のような顔をした外国人がいると、そちらのほうばかり見て私の顔を殆ど見てくれない。それればかりか、たどたどしい日本語で受け答えし出すとローレンと会話を始めるのだ。これでは何のための支持者訪問か分からない。ローレンに早速その苦情を言うと、そういうことがすぐ分かる勘のいい娘で、翌日からは私が一応話し終えてから玄関に顔を出すようになった。

しかし、小首をちょっとかしげながら手を振って〝こんにちは〟とやると、またローレンとの話が始まって、さっぱり訪問件数が増えないのだ。ただ、ローレンは日本の政治の一端を経験す

べく議員会館に来たのにもかかわらず、片田舎に連れてこられて、毎日私と一緒の支持者訪問では可哀相だという罪の意識もあり、以後はすべてローレンの好きにさせることにした。

日本のＮＰＯに興味を持ち、今イギリスのＮＰＯで働く

健気な女子大生で、将来はＮＰＯで働きたいので、日本のＮＰＯ活動を体験したいと言い出した。ローカル紙のイベント欄でやっと見つけたのは、千曲川河川敷の外来植物・アレチウリの駆除である。真夏のことなので暑いし、秘書に行かせようとしたが誰も手を挙げない。そこでまた仕方なく私が作業服に着替えて付き合った。

その後、またボランティア活動をしたいというので、探したがちょうどいいのがなく、再び川絡みで志賀高原を流れて来る夜間瀬（よませ）川の河川敷のゴミ拾い。こちらもヘトヘトに疲れ切った。

そして今は、母の母国イギリスのＮＰＯ（Social Finance）で貧しい人々のために汗をかいているという。まさに初志貫徹であり、そういう点ではすがすがしい気持ちになる。

日本式風呂が気に入る

最初に気に入ったのは日本の風呂。農村の支持者訪問は昼寝の時間（午後1時から3時位まで）は、ピンポンすると起こしてしまうことになりお叱りを受けることになる。

訪問して票を減らすのでは元も子もないので、その間は仕方なしに近くの山田温泉の豪華な温

泉宿「風景館」に連れて行き、中学の同級生のマネージャーに頼んで、名物の露天風呂に入らせてもらうことにした。

温泉通の日本人でもすぐ気に入るところであり、ローレンも気に入った。1時間くらいで上がってこいと言っておいたのに、なかなか上がってこない。女将さんを探し出して、谷底の露天風呂に督促に行ってもらい、やっと上がってきたが、白い肌がゆでダコのように真っ赤になっていた。

興味のネタは尽きず神社巡りもし出す

それ以来、彼女の興味の対象はだんだん広がっていった。次に興味を示した神社巡りもすることになった。私はいつの間にかお姫様の意のままに動く家来になっていた。

飯山市の小菅神社に例の昼寝の時間にわざわざ連れて行ったついでに、熱くて有名な野沢温泉の「大湯」にも立ち寄ることにした。今度は早く上がってこいと言っていたのに、またいくら経っても上がってこない。

そのうちワイワイキャーキャーという声が外にまで聞こえ出した。後からの釈明によると、あまりに熱いので丁度一緒に入った日本人の女子大生とともに、水を一生懸命入れてぬるくしようとしていたのだ。熱い湯を楽しみに来た地元の人が一緒に入っていたならカンカンになって怒るところだろうが、叱られずにこれまた1時間以上入っていた。何にでも興味を持つ年頃だから仕方がない、と再び寛大な気持ちになるしかなかった。

土産物屋で長居するもチャッカリ娘は何も買わず

温泉街に土産物屋はつきものである。当然色々な土産物に興味を示した。その当時はまだ外国人観光客、特にうら若い外国人女子大生は珍しかったのだろう、人の好いおばさんたちが喜んで相手をしてくれた。

ところが私には信じられないのが、さんざっぱらこれはなんだ、あれはなんだと聞きながら、どこでも一切何も買おうとしないのだ。私は、店の皆さんに済まないので何か買ってやろうとさえ思ったが、そこまで甘やかすのはいけないと口を出さずにいた。30分また30分と物色しながら結局何も買わなかった。

高山村の中庭の花にひかれる

七夕にも浴衣にもと日本で見るもの体験するものに興味を示し続けたが、最後に最も興味を示したのは、日本の花だったような気がする。

高山村は傾斜地にあり水回りが良く、農家の豪華な庭には決まって池がある。大きな石と松という例の美しい日本式庭園である。ところがローレンが興味を示したのはそれではなく、その辺に雑然と咲いている中庭の何のことはない花だった。そして早速それを写真に撮りだした。おかげで、私の支持者訪問は途中から結構能率的にいくようになった。

そこでサービスで隣の須坂市の豪華なオープンガーデンにも連れて行った。観光客に来てもらうようにパンフレットまで出来上がっていた。しかし、そういうところにはあまり興味を示さなかった。私は、正直に顔に、そして態度に表す素直なアメリカ娘の趣味が段々と分かるようになっていた。

愛でる花の対象が違った感性

彼女の一番の興味の対象は、その辺の農家の庭先に植えてある花だった。日本的な庭園は、彼女には同じに見えるのに対して、庭先の花壇はみんな表情が違うと言うのだ。そういえば、アメリカの庭には芝生と生け垣しかない。アメリカ人は長野弁の「ずく」（こまめな根気）を出して花壇をつくるようなことはしない。だから彼女は、片田舎の農家の庭先の花が色とりどりであり、バラエティーに富んでいることにびっくりしたのであろう。

最後に私に「一体何ケ月講習を受けたらこのような花壇をつくれるのか」と聞いてきた。私は思わず吹き出した。

この辺の農家のおばさんやおばあちゃんたちが手入れをしているが、研修を受けたなどの話は聞いたことがない。勝手にやっているだけなのだ、と正直に答えたけれども、彼女は最後までこれを信じようとしなかった。

日本の文化は花も食も庶民生活にあり

大半の日本人も外国人も日本の花の美しさというとすぐ高級な花をふんだんに使った生花を思い描く。しかし、鋭敏な10代の荒っぽい感性は、庶民が適当に手入れしている庭先の花に軍配を上げたのである。

私にはそれほど芸術心はないけれども、ローレンに教えられてからは、支持者訪問の折、花壇の違いを見て歩いている。そうするとローレンの言った通り、本当にみなさんの思い思いの花が咲いており、生物多様性をもじって言えば「花多様性」に富んでいるのだ。

和食は世界遺産（ユネスコ無形文化遺産）になったが、私はその真髄は高級料亭の日本料理ばかりにあるのではなく、各地に伝わる庶民の伝統食にこそ息づいていると思っている。

お気付きかもしれないが、ローレンは数年前のインターン生である。しかし、何年前かはあえて伏せておく。

いつかイギリスで研修なしで、高山村と同じ花壇を造り手入れをしているローレンと昔話をしたいと思っている。

農民魂を本音で著した山下惣一さん

（2023・10・6）

私が山下惣一さんと初めて会ったのは1982年頃、ある農政ジャーナリストが、当時吹き荒れていた財界農政なり、農業批判に対して真正面から戦う二人に共通点を見出し、安い呑み屋で引き合わせてくれた時である。山下さんは、照れ臭そうにずばり本音を言いながら、どこか人に対する優しさが感じられる人だった。それ以降、私は山下ものには大半目を通した。私は山下さんの冗談というか、皮肉というか嫌味が気に入っていた。いつの頃からか同志だと思うようになり、著作物を読むたびにその思いは強まっていった。農業・農村を軽視する人たちへの強烈な反発があった。きれいごとを言い続ける学者・評論家にも冷ややかな目線があった。やたら注文が多い消費者へのうんざりした気持ちまで、正直に強烈な文章で表現していた。

ひねくれ者の私は本を読む時に、どこがおかしいかなど批判的な読み方をする癖がある。山下さんの本も同じように読み始めるものの、途中から粗探し（あら）はどこかに吹っ飛んでしまい、くすくす笑いながらあっという間に完読した。

我々団塊の世代は、アメリカのテレビ番組を観て育った。健全な農民が主人公のものが多く、「名犬ラッシー」に始まり、「大草原の小さな家」まで続く。それに対し、日本のテレビが全く農民を扱わないことに不満を持っていた。そんな時にＮＨＫで山下さん原作の「ひこばえの歌」がドラマ人間模様で放映され、あくの強い俳優林隆三の演ずる主人公は、山下さんを彷彿させた。そこでテレビに農民が出ないのは農民・農業の現場から声を発信する者が少なかったからだとはたと気が付いた。そんな折に山下さんという独特のキャラクターを持つ強烈な発信者が登場したのである。

山形県の農民詩人星寛治さんとの共著の『北の農民南の農民』（１９８２年）では、有機農業にこだわる求道者星さんに対し、そんなことを言ったって、というひねくれた口調で反論していた。私はというと星さんの正論はすべて納得しつつ、山下節には本音をここまで言うかと驚いたが、むしろこれが普通の農民の声だとひかれる部分もあった。山下さんの考えが最も端的に表れていたと思う。齢を重ねて悟りを開かれたのか、『身土不二の探究』（１９９８年）の頃からは、農業に対する姿勢が変わり、有機農業親派に変身した。ただ後から読み返してみると、転機はもっと前のタイに赴いた時の『タマネギ畑で涙して』（１９９０年）辺りだったかもしれない。

テレビで農政なり農産物貿易についての討論会があると、山下さんが引っ張り出され農民側の第一の代弁者になり頼もしいかぎりであった。口下手で朴訥（ぼくとつ）な農民が多い中、山下さんは雄弁であり表現力が群を抜いていた。それは突然出てきた言葉ではなく、本を書く時練られた言葉が自然と飛び出してきていたのだろう。多くの農民たちの切実な望みに応え、農民の立場を言葉にし、発信し続けてくれた。

そして、『農の時代がやってきた』（１９９４年）、『ザマミロ！農は永遠なりだ』（２００４年）、『百姓が時代を創る』（２００８年）とそのタイトルからよく分かるように、農民を鼓舞激励して天国に行ってしまった。かつて農業に悲哀を感じ世間の無理解を嘆き、義憤を感じて世に嫌味をたれていた山下さんは、仏の境地に達したのだろう。山下さんの遺作の一つとなった聞き書きの『振り返れば未来』（２０２２年）は、我々への遺言ともなった。ＮＨＫは２０２３年９月「日本人は農なき国を望むのか―農民作家山下惣一の生涯」という見事なお別れ番組を放送してくれた。山下さんの意志を継ぎ、警鐘を鳴らしてくれたのである。

経済成長が大手を振って歩き、農業・農村が粗末に扱われていく中で、不屈の農民魂をもって生き抜いた山下さんは、戦後の農村が生み出した最高傑作の一つだったのかもしれない。

私の同志カリスマ有機農家の金子美登氏逝く

２０２２年9月28日　小川町（埼玉県）花友会館にて

金子美登（よしのり）氏が２０２２年9月24日74歳で突然この世を去られた。氏とは40年前から有機農業の現場と行政・政治と活躍の場所は別々だが、同じ目標に向けて手を取り合い、共に有機農業の推進・食の安全の確保に心血を注いできた。ずっと二人三脚で活動してきた友子夫人から弔辞のお話を頂き、有機農業の実践の地小川町に赴いた。

金子さんの軌跡は日本の有機農業の歴史そのものであり、いかに金子さんの存在が大きかったかを伝えようとしたため幾分弔辞としては長くなったが、その内容を報告したい。

団塊の世代の危機感

本日ここに金子美登さんのご霊前にお別れのご挨拶を申し上げなければなりません。人生をかけて伝え続けた有機農業に一縷の光の見え始めた今、この偉大なる先駆者を失い、我々が再び教えを乞うすべもありません。人生のはかなさを感ずるにあまりある悲しみです。

金子さんと私を繋いだのは、妻の友子さんとともに生涯かけて取り組まれてきた有機農業です。初めてお会いしたのは40年以上前になり、確か日本有機農業研究会のどこかの会合だと思います。１９７０～１９８０年代は、有機農業といっても理解者は少なく、変人たちのやっていることと白い眼で見られていました。私は当時農林水産省の一介の役人でしたが、金子さんと共通の師ともいうべき一楽照雄さんから強引に有機農業の世界に入り込まされました。

ただその前に、二人とものどかな農村で農家の長男として生まれ農業を手伝いながら、凄まじい高度経済成長の中で変貌を続ける日本の姿に一抹の不安を感じていた点で、共通の価値観を持ち合わせていたと思います。だから、自然に環境の保全にそして有機農業にひかれていったのだと思います。日本の美しい自然が農薬や化学肥料で汚され、水が危うくなり食料も食品添加物で更に劣化し、アトピー性皮膚炎や発達障害の原因の一つとなっています。こうした流れを止めなければならないと決意されたのだと思います。私も同じ考えを持つに至りました。

ＯＥＣＤの持続的農業での意見開陳

忘れられない思い出ばかりですが、私が１９９１年から３年間パリのＯＥＣＤ代表部に出向した折には、日本の持続的農業の実践者として金子さんにＯＥＣＤの会議に日本代表の立場でおいでいただきました。緊張されていましたが、いざ始まると世界中の代表者を前にトツトツとした語り口で日本の持続的農業のあり方を発表していただきました。その折には、金子さんの発表の姿を是非見たいという熱心な方が、食物のことを学んでいる女子大生まで連れて同行してこられていました。金子さんの影響力の大きさを改めて感じた出来事です。残念ながらそのお二人は先立たれてしまいました。

農業ばかりでなく行政も引っ張る

有機農業界は世界が日本よりも一歩も二歩も先を行っていましたが、今から30年前やっと１９９２年農水省に有機農業対策室ができました。そしてその2年後に環境保全型農業推進会議が発足し、金子さんに委員になっていただいたのが、行政との最初の付き合いだったと思います。

それからは、農林水産省の有機農業関係の検討というと、まず金子さんに入っていただくことになりました。不肖私も日本有機農業研究会霞が関出張所員という、立派な渾名をいただき、省内で金子さんのお手伝い、援軍を致しました。

金子さんには、過激になりかねない生産者や消費者の要望を丸く収め、現場の農業者や消費者と農水省の橋渡しをしていただき、農水省にとっては有り難くも貴重な存在でした。そうした中で、自分以外のいろいろな人に関わってもらうべく、委員になってもらったほうがいいといった気配りもされる方でした。

SDGsを予見し、エネルギーも自給を目指す

金子さんは農業の現場で私は行政・政界と分かれていますが、金子さんとは理想とする農業・農村、目指すべき日本の姿は同じで、同志といっても過言ではありません。お互い、戦う場所は異なり孤独な戦いだったと思いますが、私の心の支えは、同志の金子さんが頑張っておられる、だから私もくじけてはならないというものでした。

全国の有機農業に取り組んでいる人たちは、理想を重んじる人が多く、近隣の農家からは敬遠されていたと思います。しかし、金子さんは地域でも信頼を勝ち取っていきました。食べ物だけではなく、エネルギーも自給する循環型社会を目指すようになりました。つまり、生きることに必要なものは地産地消・旬産旬消するべきということもこの小さな下里で実現されんとしていた

のです。まさに「先見の明」と言わざるをえません。

誰をも温かく包み込む金子さん、そして友子さんのお人柄がそうさせるのでしょう、小川町議を五期務められました。

小川町の産消提携が世界のCSAへ

生産者と消費者の連携、すなわち産消提携が始まり、小川町全体にも広まりました。その結果、2010年には、小川町モデルが評価され、農林水産祭（むらづくり部門）で天皇賞を受賞されています。先のOECD会議の時に金子さんの発言を聞いていた女性の担当課長がこれに飛びつき、今これがCSA(Community Supported Agriculture)、地域支援型農業として世界にも広まっています。更に2014年には平成天皇が視察にもおいでになりました。また、金子さんの農場には国外からの弟子入りも多く、日本ばかりでなく世界にも教え子が広まっています。2015年には、国内外から研究生を受け入れて技術を継承したことを評価され、黄綬褒章を受章されました。

農水省の突然の100万ha有機農地

金子さんをはじめとする皆さんの地道な努力の甲斐あって有機農業も徐々に市民権を得てきました。そして農林水産省は突然、有機農業を100万haにするというみどりの食料システム戦略を発表しています。

頑迷固陋、伝統墨守、巨艦大砲主義に凝り固まっていた農林水産省にも金子さんの地道な活動が、その理念とともに受け入れられたのです。いや国連が唱えるＳＤＧｓ持続的社会実現のためにそうせざるをえなくなったのです。

もっと指導者として活躍してほしかった

田んぼの水回り中に急逝されたとのことで、有機農業に最後まで人生をかけてこられた金子さんらしい最後なのかもしれませんが、あまりの突然の訃報に驚かされました。ご遺族の方々の悲しみは、いかばかりかとお察し申しあげます。

金子さんは日本の有機農業の象徴的存在であり、人生百年時代と言われる今、これからも指導者として活躍していただくことを願っておりました。しかしながらお別れせねばなりません。私はここに、金子さんの遺志を受け継ぎ、我が国に有機農業を更に広め日本の食の安全確保と農業の発展に力を注ぐことをお誓いし弔辞といたします。

付章

私の農業遍歴

私と農業との関わりを、私の故郷中野市田麦の農業の手伝いと暮らしで綴ってみた。私が農業、農村をこよなく愛し、農政を一生の仕事にしている理由をお分かりいただけると思う。

〔蚕〕

上蔟作業の時の深夜放送の代わり

お蚕様が家を占拠

私の母の実家竹原は中野市の夜間瀬川扇状地の上部に位置し、田麦はそのはずれの下流に位置する。戦前から戦後にかけて、日本は長野県に限らずどこも養蚕が盛んであった。生糸の輸出が日本の経済を支えていたと言っても過言ではない。我が家もご多分に漏れず、冬以外は家中、茶の間から座敷からお勝手から納屋からすべて「お蚕様」に占領されていた。祖父母、父母、兄弟3人の一家7人はお勝手とそのすぐ隣の小さな部屋で寝泊まりするだけであった。まさに別格待遇のお蚕様だ。富の根源であるから仕方がない。私も当然桑とりから給餌する作業、上蔟（繭をつくるように黄色になり始めた蚕をわらでつくった蔟に入れる）作業、すべて蚕の作業は手伝っている。

おしゃべり孝の深夜パーソナリティ

そうした中、私が全く記憶にない手伝いがあった。夕方暗くなった頃に、10歳年上の貞夫叔父が「こんばんは、孝貸してくんねいかい」といって竹原から自転車で下って私を迎えに来たという。退屈な徹夜の上蔟作業の時に、私を真ん中に置いてかまいながらやっていると、眠くならないで済むからだった。つまり、私は深夜放送ラジオの代わりをさせられたわけである。今は機械化されていると思うが、その当時は黄ばんできた蚕を人間が拾い上げていた。

徹夜の作業になり、そこで私が登場する。よくしゃべる子だったようである。私の父は一人息子、母は長女で両方とも初孫である。昼間は寝させておいて、夜私をかまいながらその退屈で疲れる上蔟作業をするというのである。ところが、私には全くこれについては記憶がない。だからたぶん2～3歳から5歳くらいのことではないかと思う。ただ一つだけ夜暗い道を貞夫おじちゃんの自転車の荷台に乗って行ったことだけがかすかに記憶に残っている。

幼ない子のささいな気配り

その貞夫叔父から私の自転車での気配りを聞かされた。上りの自転車で後ろに乗っているのだけれど、叔父にいつも言ったという。「貞夫おじちゃん、ないでくねえか（疲れていないか）。俺降りて走って行くから止まって」と言っては背中を突ついたという。「そんな重くないからそこに乗ってろ」と言うけれども、ちょっと急な坂道になり遅くなると私はいつも決まって「走って行くから止まって」と言ったという。手前味噌な話になるが、私は昔から優しかったようだ。

〔タバコ〕
子供用の地下足袋と手甲で一人前

小中学校の頃は、学校から帰るとどこの畑にいるのか玄関に書かれていた。私には子供用の小さな地下足袋と手甲（てっこう）（手の甲や手首を覆う布）が用意されていた。母がきれい好きで農作業の後は、必ず手と顔と足を洗ってからしか家に上げてもらえなかった。だから農作業に行く時は、地下足袋を履いて手甲をしてほこり等を完全防備して出向くということになっていた。

春秋の農繁休業

農村では子供も一人前の労働者であり、作業要員に組み込まれていた。だから春の田植えと秋の稲刈りに合わせ、一週間ずつ農繁休業があった。私は、まじめに働くので叱られたことなどは殆どなかった。田植えや稲刈りは、隊列を組んでやることになっていたが、小学校低学年の時は、大人が4列の時は私は3列とかだったと思うが、高学年からは全く同等にやっていた。つまり、完全に一人前であった。

父は肺結核で3年半療養生活を送り、ストレプトマイシンの発見により、命を救われている。もともと一人息子で農作業など手伝わずに大事に育てられ、病気入院後はますます農作業などすることがなかった。その代わりに私は働いた。

タバコの取り込みを忘れ大目玉

ただ一度大目玉を喰った記憶が残っている。タバコを盛んに作っていた1960年頃だ。わら縄の間に差し入れて天日干ししていたが、雨が降りそうだったので家にいて雨が降りそうになったら取り込むことを命じられていた。

ところが､近くのお宮・公会堂から友達の遊び声が聞こえ､ついつい遊びに出てしまった｡ドシャブリになり慌てて帰ったが後の祭り。この時だけは、神妙に手をついて謝ったのを覚えている。私は根気のいる草とりも全くいとわなかったが､タバコの葉の収穫は数少ない嫌な作業だった。なぜなら、指先が真っ黒になり、なかなか汚れが落ちなかったからだ。しかし、この一件の後は罪滅ぼしに葉の摘み取りに、そして乾燥作業に精を出した。

跡取りへの圧倒的なえこひいき

祖父には跡取りとしてかわいがられ、二人の弟と比べて優遇され過ぎていた。例えば小遣い。私に100円、弟二人に50円50円という始末である。さすが怒った下の弟が何でかと聞くと、祖父は「孝はちゃんと仕事する」と言い訳した。それに対して､末弟は「自分は駄目だけどもまあちゃん（次弟）は俺より仕事する」と反論。祖父は仕方なしに、孝100円、学80円、修50円と一旦は受け入れたが何のことはない、その次から100円ずつやって、私にだけには後でこっそりと

１００円余計によこす始末である。そういうこともあって、跡を取るのは自分だと自覚し、余計一生懸命働いた。

高校へなど行かすなというアドバイス

その勤勉な働きの効果があり過ぎたことがあった。近所のおばあちゃんが、私の母に「たかっちゃん（近所ではこう呼ばれていた）はあんなに仕事をするから、下手に高校に行かすと跡を取らなくなっちゃう。だからすぐ百姓をやらせたほうがいい」というアドバイスをしたそうである。もちろん高校に行き大学まで行かせてもらったが、近所の人に分かるぐらいよく働く跡取り息子だった。それだけまじめに働いていたということである。しかし、今その私が跡を取らず、文句を言った末弟が篠原家の跡を取っており、私はずっと罪の意識を抱えたままである。

家畜も皆家族同様だった

〔家畜：牛、山羊、鶏〕

家の玄関にあった牛小屋

農家の家はどこもそうだったが、我が家でも玄関を入ると、右側は牛の部屋だった。田起こしをしたり、リヤカーを引っ張っていく大事な仲間といえた。だから牛の糞の臭いはずっと嗅ぎながら育ったし、家中蠅が飛び回っていてもそれほど苦にならなかった。天井からはくっついたら離れない蠅取り紙がぶら下がっていた。家に帰ってくると、草が欲しくてモーッと近づいてきた。夕上がり（夕方、畑から家に帰る時）には、必ず近くの草を山ほど刈り、それをリヤカーに載せて帰って、牛に山羊に羊にと食べさせるのが毎日繰り返された。一時アンゴラウサギも飼ったことがある。

牛は賢い動物で、私のような子供は無視し、ちゃんとお世話してくれる大人をよく分かっていた。私が言っても言うことを聞かず、祖父の言うことは聞いたりするので憎たらしく思っていた。ところが我が家でもガーデントラクターを買い、だんだん牛の役割がなくなり、売られていった。売られる日、何か様子が違うということが分かってか、牛小屋を出るのを鳴いて嫌がった。私はその時に、牛も人間と同じように別れが辛いと感じていることが分かり、密かに涙した。

山羊による性教育

その他に我が家の栄養源として山羊が飼われていた。山羊はいつも春になると、2匹か3匹子供を産み、その母山羊がまだしっかりしていたら、3匹とも肉として売られて行った。母山羊のほうがくたびれていると見ると、その子供のうちの雌山羊が後継ぎとして我が家で飼われることになっていた。いつも近所の山羊かけ業という雄のでかい山羊を飼っている家に雌を連れて行って、受精が行われる場面をちゃんと見て、家に連れて帰るのが我々の子供の仕事だった。だから、小さい頃からどうやって子供が産まれるのかというのもよく知っていた。また、羊も飼っていた。ただ私は山羊の乳は体に合わずすぐに下痢をしてしまうので、近所の酪農家の牛乳を飲んでいた。それも温めたばかりのものでないと下痢をしてしまった。ともかく虚弱体質だった。

山羊の子山羊への愛情で、父母の愛情を知る

家畜を飼っていると親子の情愛も当然学ぶことになる。山羊がそれを教えてくれた。山羊を春の田んぼや畑に連れて行くが、途中で文字通り道草を食ってなかなかタッタと来ない。ところが子山羊が産まれると、子山羊を抱っこして先を歩いていくと、心配して親山羊は必死になって追いかけてくる。だから弟たちに子山羊を抱かせて先に行かせ、私が綱を引っぱっていくと、簡単に畑にまで連れて行くことができた。

ただその子山羊が売られる日はまた悲惨だった。子山羊はわけが分からないが、親山羊は悲しんで鳴きはじめた。その後も2日から3日間、子山羊がいなくなった、いなくなったといって母山羊は鳴き続けた。鳴き疲れてか諦めたか、鳴き止むのは数日後であった。しょっちゅう怒られているけれども、親というのはこうやって子供を心配するものだとつくづく感じたものである。

そういう点では、身近に動物なり家畜がいるということが大事であり、食農教育、情操教育にはぴったしだ。ところが今は残念ながら長野の北信地方から殆ど家畜が消えてしまっている。こ

ういったことも今後は見直していかなければならないことだと思う。

世話は焼けど卵は食べさせてもらえず

私の小さい頃の１９６０～70年代はどこの農家にも鶏小屋があり、10羽ぐらい飼っていた。いわゆる庭先養鶏である。卵の売り上げは、生活改善普及員と農協の指導によるのだろう、農家の女性たちの自立を助ける自主財源となる、「卵貯金」とされていた。

私はというと相当手伝っているのに卵にはありつけず、目玉焼きなど食べたことがなかった。風邪をひいた時のみネギ味噌と卵酒を飲まされ、喉にはネギを入れた木綿タオルを巻く民間療法を施されていた。それが今や日本人は世界で１、２位を誇る卵の愛好国民で、年間１人３００個強食べているという。日本も豊かになったものである。円安による飼料高と鳥インフルエンザによる鶏の10％減で価格が上がっていても、その傾向はどうも変わっていないようである。

鶏の世話の半分は子供たちの仕事だった。農家では食品ロスなどありえず、残ったものを鶏に食べさせていた。私は行儀が悪くおっちょこちょいだったので、そこら中にご飯粒を撒き散らかしていた。そのため祖母は、孝の周りには鶏を置いといたほうがいいと冗談を言って笑っていた。それ程に鶏が身近な存在だった。

今や餌というと輸入された飼料穀物だが、トウモロコシを作り、軒先に干して、実だけをとる手動の機械で実をとり、それを潰して餌にしていた。今や加工畜産でしかない畜産に成り下がっているが、一昔前は完全な自給畜産だったのだ。

祖父の手料理を食べ過ぎ、腹痛で初の泊まり込み登山に参加できず

鶏小屋を開けて放し飼いにしていても、夕方になると帰って来る鶏もいるし、追いかけて行って鶏小屋に入れなければならない場合もあった。不思議なことに堆肥の近くのミミズや虫を食べ、その辺の草をついばみながらも、他の家に行ってしまって帰ってこない鶏はまずいなかった。犬猫と同じく帰巣本能があった。ただ、必ず変わった鶏がいて、絶対に鶏小屋で卵を産まず、自分の好きな納屋の稲わらが積んであるところの角で産んでいたので、何回に1回はそのアジトを探すことになる。

卵を産まなくなった鶏は、廃鶏として最後は締められる。祖父はその肉を鶏肉鍋かカレーにして私の誕生祝いをするというのが定番だった。跡継ぎの私のことをえこひいきして、二人の弟の誕生日には特別料理はなかった。

中1の時の誕生日、そうした祖父の好意を無下にできず、いっぱい食べて喜ばせようと思って食べ過ぎてしまい、翌日ひどい腹痛になってしまった。運悪く当日は、中学初の泊まり込みの白根登山の日、私はやっと学校に行き着いたものの、養護の先生と皆を見送って二人でお医者さんへ直行、お陰で私の誕生日は皆の知るところとなった。そして翌年、初めて誕生日祝いのラブレターが届いた。

それだけ多くいた鶏もドンドン消え、私が国会議員になった2000年初頭の頃だと思うが、私の母校長丘小学校（今では廃校になってしまった）の生徒が先生と一緒に鶏を見させてくれといって来たことがある。

〔林業：カラマツ〕
孫のための植林は大学資金にはならず

毎秋の山の手入れの講釈

私の兄弟は男ばかりの三人、小さな里山が三ケ所に分かれていたので、祖父はそれぞれ孫の名前を付けて呼び、カラマツを植えておいてくれた。秋の頃、下草刈りと枝払いをしに「孝の山」に行く時は、私はいつも連れて行かれた。おにぎりとやかんを持って行き、お湯を沸かしてお茶をすすりながら、毎度同じの祖父の講釈を聞かされた。これが何年も繰り返されたので、今でも暗唱できる。

「こうやって、ワレのためにちゃんとカラマツを植えておいてやった。この木を売った金で高校や大学へ行けるから安心しろ。その代わりちゃんと手伝わないとだめだ。じいちゃんは、この木を伐る時は生きていないんだからな」

カラマツは大学資金にならず

祖父は私が高校生の時（1964年）に64歳で亡くなったが、その後しばらくして伐採したカラマツは、外材に押されそれこそ二束三文で、私の大学資金にはとてもならなかった。最近は、間伐さえしてもらえず線香林（細く伸びた木）と呼ばれているが、薪炭材として雑木を残しておくためだったのか、資金不足なのか分からないが、間伐するほどに密に植えていなかったので、そこそこ立派な木に育っていた。しかし、それでも伐り出すと赤字になった。

豪華裏山スキー場

私の地元は、多い時には1・5mくらいの雪が積もる。近くに志賀高原、野沢温泉といったスキー場もあり、地の利でさぞスキーは上手いだろうと勘違いされるが、他のスポーツに比べてあまり得意ではない。

私の少年時代は、まだ農村は豊かではなく、兄弟三人で一つのスキーをかわるがわる使っていた。リフトのあるゲレンデに連れていってもらうことなど皆無で、もっぱら「裏山スキー場」通いだった。当時、裏山の畑で丁度いい斜面を求めていろいろなところで滑ったが、最も気に入ったのは、一山越えて行ったところにある、千曲川の見える「うさんこぶ」だった。そのあたりの里山は、尾根からふもとまで大体15m間隔の薪炭林になっており、一農家の所有となっていた。

伐採は今年はこの家の分、次の年はあの家の分と決めて、上から下まですべて、根元ギリギリのところから伐られていた。伐採跡は15メートル幅の自然のゲレンデとなり、スキーには好都合であった。

都市農村格差の下リフト付きスキー場は未経験

ふもとでは、おじいさんが炭を焼いていた。私は、ポケットに餅を2、3個放り込んで、まずこの炭焼きおじいさんのところへ滑り降り、餅を渡しておいて、再び裏山ゲレンデをせっせと踏み固めながら登っていった。送迎バスもリフトもなく、準備運動には事欠くことがなかった。あとは自分のスキー跡がくっきり見える斜面を一気に滑り降りる。ふもとまで下りる頃には、丁度餅がぷっくり焼けているという案配だった。だから、私はスキー場で足を折った人の話など聞いたことがなかった。

今、我が子に話してもとても信じてもらえまいが、志賀高原へ初めて行ったのは、小学校6年の春の登山。冬など行ったこともなく高校を終えた。私は都市と農村の所得格差の解消を目指して農業基本法ができた丁度同じ頃の農村で育っていたのである。

カブトムシの雑木林を潰して昆虫館という愚

祖父の講釈を聞いた「孝の山」は、今はりんご畑になっている。なだらかな丘陵であり、農林水産省の方針で、農地面積を減らさないため開墾させられ農地にさせられてしまった。集落から遠く水の便も悪いため、今は後継者不足もあり多くは遊休農地になっている。

長丘丘陵は、なだらかな典型的な里山だった。山は絶好の遊び場で、カブトムシ狩りに栗拾いにと出かけて行った。笹餅の笹も柏餅の柏の葉も、お盆花の桔梗、オミナエシも皆その豊かな里山で採ることができた。ところが、今はその一角に住宅団地ができ、昆虫の宝庫だった雑木林は見る影もなくなった。その跡に中野市が「昆虫館」を造るという頓珍漢なことをしている。いつでも温かく包み込んでくれた雑木林を失い、幼い頃の淡い想い出もだんだん薄れていく。私には涙が出るほど切ないことである。

〔稲（米）〕

田植えの後の「ご苦労呼び」の演劇

当時の農村は何事も共同作業である。一つの堰（せぎ）（用水路、長野県ではセギ）に沿って田んぼが広がっているが、私の地元の場合、その堰に沿って関係者の家が総出で上流のほうから順番に田植えをしていく仕組みがあった。大体5～6農家が一グループでやっていた。

3人兄弟が演ずる国定忠治

田植えが全部終わった時に当番の家で「ご苦労呼び」と称される会合を持つことになっていた。我が家でやる場合は、祖母と母が料理し、田植え作業に参加した近隣の人たち全員をもてなすのだ。もちろん大人は一献傾ける。我が家が当番になったのは、私が物心ついてから2~3回ぐらいだったと思うが、なぜかしら余興で兄弟3人で寸劇をやらされた。そのためのシナリオを書き、私の指示で稽古もして臨んだ。よく分からないが国定忠治の劇を3人でやったことを覚えている。

だから今世代を超えたコミュニケーション力とか言われるが、田舎の地域社会ではそうやって小さい頃から大人と一緒に交わっており、何の物怖じもしなくなった。おじいちゃん・おばあちゃんから小さな子供までみんな世代を超えて話したりする癖がついている。それに比べれば昨今の世代では農村でもそうした機会が殆どなくなってしまったようだ。

政治家としてのコミュニケーション能力も自然と身につく

皆が農民だった等質社会でのことだが、戦後20年経った頃から兼業農家化が進んだが、基本は農にあった。だから、長野では「おてんま」と称される道普請や川普請に一軒で一人出て作業をすることが続いている。家族構成も異なるため、お年寄りや働き盛りの人だけでなく、家庭の事情で小学生も出ることがある。だからこうした作業を通じて、皆が知り合いになっていく。

よくよく考えてみると、私が誰とも分け隔てなく話せるという政治家にとっては丁度いいような振る舞いは、こういったことの積み重ねで身についたのかもしれない。

〔ホップ〕

勤勉性がものをいった手作業によるホップ摘み

一貫いくらのホップ摘みは幼少から

私が人生で2度目に農業に貢献したのは、ホップ摘み作業である。家の前の家がホップを作っており、当時は隣近所の空いている人たちがホップ摘み作業に皆頼まれて行っていた。ボテと称したが、大きなざるの中にホップを積んではそれを入れておいて、どのぐらい進んだかということで一貫目いくらといって、まさに出来高でお金をもらう仕組みである。すぐ前の家の納屋でやっているので、私は小さい頃からそこにちょっかいを出したという。

小豆を洗うそれこそ小さなざるがあり、私がそれを満杯にするたびに、測ってくれていた。測ったところで小さなざるではせいぜい何匁にしかならないのだけれども、近所の優しい兄ちゃんが測ってくれ、「はい、たかっちゃんのは何匁!」と付き合ってくれていたそうだ。それでどれだけのお金をもらったか知らないが、迷惑をかけていたことは確かだ。

夏休みは他の集落まで出稼ぎ

それから長じてくると夏休みの小遣い稼ぎは、ホップを作っているところだけをはしごするホップ摘み作業であった。村の中が終了すると、親戚とかのある隣の集落からまで声がかかった。竹原に親戚がある友人の岳司くんのおばさんの嫁ぎ先まで出稼ぎに行った。

そこでは、私の父の教え子で現在三笠書房の社長　押鐘冨士雄さんが浪人中で、彼が高いところからホップを下ろす作業をしていて思いがけない再会となった。大学入試の浪人中なのに農作業をしていたのだ。

それから高社山麓は少し高いので、遅くなるがそこにもホップを摘みに行った。ひたすら勤勉さが要求された。私は同じ年代の子供たちの中では辛抱強いほうでまじめに摘んでいたと思う。大変な作業で朝早く起きてから夜真っ暗になるまでやっているなかで、かぶれることが多く、首のところにタオルを巻いていた。その稼いだお金が丁度お盆の頃なのでお盆小遣いになった。

中野にはアサヒビールのホップ工場があった。今は立派なバラ公園になっている。ミュンヘン、札幌、ミルウォーキーと言われ、丁度同じような気候なのであろう、ホップは長野の北信地方ではどこでも作っていたが、あっという間に消えてしまった。農作物にもかなり厳しい栄枯盛衰がある。

懐かしさで涙がこぼれる

それから何年か経ちアメリカに留学して、ワシントン大学にいた時にカスケード山脈を越えて行った時に同じ光景に出会った。ヤキマやウェナチという地域にはホップ畑が続き、その間にりんご畑があり、ブドウ畑があり山々が見える。つまり長野盆地と全く同じ景色がワシントン州の盆地でも見られたのだ。農作物の適地は気候によって決まることを痛感した。同じような盆地のところに同じような果樹や同じようなホップが作られていた。その時はもう既に私の故郷からホップが消えていたので、懐かしく思った次第である。
日本は今やホップは外国から輸入し、外国産だけで済ましているというが、美味しいビールを飲むためにはやはりホップは国産で作ってほしいと願っている。

〔稲（米）、ドジョウ〕

50年前は周りすべてが有機農業だった

黄、桃、緑、青、白と鮮やかだった北信州

北信州は今も美しいことに変わりはないが、50～60年前は色彩がもっと美しかった。春は山麓に黄色の菜の花が目立ち、田んぼは当時推奨した水田酪農の粗飼料用のれんげのピンクで埋まった。山々の緑、青い空と白い雲とまぶしいほどの強烈な色が競い合っていた。山の緑は6月になると全く同じ濃い緑となるが、芽吹きの頃の信州の山の緑は、一つ一つ違う色をしていてまばゆ

いばかりである。紅葉も美しいが、その時の緑の色の違いは寒暖の差のなせる彩りであり、信州ならではのものと思う。

どじょう鍋が続く田植え時期

田んぼは中身もきれいだった。農薬も除草剤も使っていなかった。私は、牛の鼻緒を持って田起こしをした最後の世代かもしれない。祖父にさんざん怒られながら引っ張った。草とりも手でやった。まだ、柔らかさの残る子供の指先に泥が相当入り込んだ。途中からゴロという手押しの機械ができたが、基本的には手で田の草とりをしていた。つまり、まさに八十八手をかけていた。田を耕し終わると水を張り、さらに田がきをして、田植えの前に一面に張った水を流し去る。その時に楽しみが一つあった。扇状地であり上の田んぼから下の田んぼに水が一斉にさーっと流れていく。最後の田の水の出るところにざるを置いておく。そこにドジョウが山と溜まることになる。それから毎日毎日どじょう鍋である。

私が痩せこけていることを心配した祖母は私の横で、私に丈夫になるためにそれ食えやれ食えといって、強制的（?）に勧めていた。

私は食べ物で好き嫌いが殆どないが、ドジョウだけは苦手になってしまった。どうもその時に食べ尽くしたからだと思う。だからこの体験を引きずっていて、島村宜伸農林水産大臣が、墨田区の地元のどじょう鍋に農水省幹部を招待した時に、私は嫌だったので理由を告げずに行かずに失礼なことをしてしまった。

昆虫も魚も身近な存在

蛍があちこちで飛び交い、今や絶滅危惧種になんなんとするメダカがそこら中にいて水田に水を張る頃はそこら中に魚がいっぱいいた。我々の楽しみは小さな河川の魚を捕まえることであった。当時から佐久の鯉は有名だけれども、中野辺りでも田んぼに稚鯉を放して、大きくして収入を得ている人たちもいた。そしてそこから逃げ出す鯉がいっぱいいたのでそれも狙い目であった。その魚獲りも皆の大事な遊びであって、自分の家に持ち帰り自宅の池に放した。

つまり本当に恵まれた自然環境の中で自然を遊び相手として育っていたのである。

生物がいなくなり汚れてしまった農村

ところが変化が現れる。途中で農薬や除草剤が使われだしたので、川で泳ぐのは禁止された。そしてプールができたのは、我が学年が通いだした統合中学の3年生の秋。つまり我々の世代は、小中学校を通じて全く泳ぎを知らないのだ。だからスポーツ万能の同級生の中にも、泳ぎだけは苦手と言う人がいる。我々より上の世代は川で平気で泳いだ。我々より下はプールで泳げた。だからこのトバッチリは高校1年の時に受けている。私は中野市から長野高校という遠くの高校に通ったが、殆どプールのある都市部の中学卒業生で泳げないのは私だけというのを皆が知っていて、先生が来る前に皆が悪さをして、私をプールにはたき込んで、溺れそうになるのを見て喜ぶ意地悪をされたことがある。先生が来る前にみんなで助けてくれてはいるが、そういうとんでもない仕打ちにも遭っている。

私が小中学生の頃に農村が汚され、日本全国の自然が急激に壊されて行ったのである。私はこれに対する反発もあって環境保全論者になり、有機農業の親派になり、国会議員になっても環境委員会に10年間以上所属して頑張っている。

〔りんご、桃〕

摘花や袋掛けはプロ並み?

私が嫌がっていた養蚕は忽然と消え、その後タバコの葉等いろいろな換金作物を導入したけれども、結局りんごが定着し、それから1959年の伊勢湾台風でりんごが落ちてしまったので台風の前に収入を確保ということで桃も導入し、桃とりんごが中心になっていた。りんごの作業は最初の剪定以外は殆ど自分でこなした。

最初の作業はまだ雪が残っている頃にやる、剪定された枝こなしである。鉈(なた)をもってきちんと枝こなしをし、かまどでご飯を炊いていたのでそれ用に枝を一束にまとめる作業である。それから5月以降に花を摘み、摘果、それで袋掛け、袋はずし、玉回し、葉摘み等を経て収穫である。

壮絶な消毒作業

消毒作業は、まだスピードスプレーヤーもなくポンプとホースでやっていた。今考えると恐ろしいことであるが、私の大事な役割は畑の横に置いてある土管の中で農薬をかき回す作業である。農薬は粉の場合も液体の場合もあるが、ともかくそうした危険な化学物質が飛び散る中で、どれだけ農薬を吸い込んだり口にしたかもしれない。次に大事なのは、ホースが畑じゅうを回っているけれども、どこかでつっかえると、「孝、どっかで詰まってるぞ、何やってるんだ」と言って祖父に叱られ、慌てて消毒液のしたたるりんごや桃の木の下に行き、そのつっかえを直していた。つまり攪拌作業で飛び散る農薬を吸い、りんごの木の下でまた農薬の襲撃を受けるわけである。

私が後々ものを書き講演をしまくっていた時、「私がちょっとおかしいのはこの消毒のせいだと思います」と悪い冗談をいっていた。こういう原体験の上に私は減農薬なり有機農業に走ることになる。

母に似て日光に弱く、今は麦わら帽子が必携

以下のことについては拙著『農的循環社会への道』の「あとがき」のところに書いたが、母が一役買っている。母は体が丈夫と言えば丈夫だったけれども、飛びきり弱い面もあった。その一つが乗り物酔いである。バスに酔うので、４㎞ほどの中野の町まで歩いて買い物に行き、帰りだ

けバスに乗って帰ってくる。我々子供たちの役割は、バスに酔った母親を迎えに停留場に行き、山のような買い物袋を3人で分けて持ってくること。母は息も絶え絶えになって家に帰ってバタンと倒れて寝込むという具合である。

他にも弱いところがあって、「頭病み（あたまや）」と称されていたが、日光に弱く、私もその遺伝を引き継いでいる。農家のおばさんたちは、皆麦わら帽子を被り、木綿の手ぬぐいで顔中を覆い日焼け防止をしながらやっている。うちの母は特に頭の覆いを気にかけていた。

私はその母に似て直射日光に当たると頭がガンガン痛くなることが分かった。そして今、政治家となり支持者訪問をする時には麦わら帽子を被っていて、それがトレードマークになっている。

母の直感で消毒作業から解放される

それから母は弱いものの延長線上でもう一つ消毒に弱かった。だから消毒をやると、次の日半日あるいは1日寝ていなくて立ち上がれなかった。途中から母は気が付いたようである。こんなに体に悪いんだから自分はもう子供をつくってしまっているからいいとして、これから子供をつくる3人の子供にこんな作業はさせられない、と言い出した。

それから重要な労働力である私に手伝わせるか手伝わせないかで、祖父と大論争になった。よく覚えていないが、母の一念が通ったようで、その後私は消毒作業から一気に解放された。ただし、何回もの消毒で葉っぱが真っ白になったところで、袋掛けだとか収穫をするのだから、粉になった農薬をたくさん吸い込み被害を受けているのは当然である。

チンプンカンプンの津軽弁

りんごの摘花や袋掛けの作業では1960年前後には変わった仕組みがあった。北と南で開花時期や収穫期が一ケ月ずれることから、一時地元の田麦の公会堂に泊まり込み、青森からりんご作業のプロの若いお姉さんやおばさんたちが来て袋掛け作業を手伝って、作業を終えた頃青森に帰って行った。そして我が家にもその人たちが手伝いに来た。

私も一緒にしゃべりながらしたが、津軽弁がさっぱり何を言っているか分からなかった。私は冗談が好きなので、「習い始めたばかりの英語のほうはよく分かる、皆さんの日本語のほうが分からない」と失礼なことを言ってしまった。それに対して「ここら辺の年寄りのばあちゃんたちの話も分からない」と言って反論された。

袋掛けはプロのお姉さん並み

摘花、摘果は判定のしようがないが、袋掛けは何枚袋をかけたかが分かる仕組みになっている。そして驚いたことに、私はプロを凌ぐ枚数の袋をかけていたことが判明した。私はそんな器用なほうではないが、背が高くて手が伸びる、だから梯子をかける回数が少なくて済む。なおかつ、木に登っても痩せこけているので木が折れず、守備範囲が広くなる。かくして、ノッポで手足が長い私がプロ並みの枚数に達していた。
そういった交流も何年かで途絶えた。私よりも10歳くらい上の活発で純情なお姉さんたちは、名前も顔も覚えていないが、まさに日本のまじめな農家の代表であり、その後いい主婦となってりんご作りを守り続けているのだろうと思うと、何となくほのぼのとした気持ちになる。

〔りんご、桃〕

養蚕から果樹栽培への転換～産業の栄枯盛衰～

私は農家の跡取りということで、特に祖父には猫かわいがりされて育てられた。しかし、小さいながらも自分が農業の跡を継いだらお蚕様だけはやめようという決意をしていた。なぜかと言うと子供心にも、なんで蚕のほうが優遇されて、家中が隅っこで寝泊まりしなくちゃいけないのかという根源的疑問があったからだ。

りんごの消毒が桑を駆逐

ところが、いつの頃からかりんごの栽培が始まり消毒作業が行われ、消毒をかぶった桑は蚕には害があり、養蚕と果樹は両立できなくなった。そして瞬く間に桑畑がりんご畑に代わっていった。それでもずっと蚕を飼ってきたが明治生まれの祖母は、納屋で細々と蚕を飼い続けた。よくしたもので、桑は山の中の一番はずれの畑の土手等に残っていたからだ。だから今、昆虫食とかいわれて脚光を浴びつつあるが、私の小さい頃は、さなぎは食べ放題というかしょっちゅう食べさせられていた。養蚕農家の大事なタンパク源だった。当時の農村は何から何まで自給していたのだ。

それからしばらく経って農林省に入りびっくりしたことがあった。かつて蚕糸局があり、横浜生糸検査所長がエリートコースの一つだったというのだ。生糸が輸出の花形であったからである。ところが私が入省した頃（1973年）農産園芸局には三つも繭糸(けんし)関係の課があった。しかし、産業の栄枯盛衰があり、瞬く間に蚕関係の課はなくなった。

飯田では1980年代も養蚕振興

中堅役人になった頃、大来佐武郎元外務大臣を塾長とする勉強会があった。その塾生というのは大体30代の半ばの大手民間企業のエリート社員、ジャーナリスト、学者などのいわばエリート集団だった。大来さんは立派で、地方を知らなくてはいけないと、長野県の飯田市の養蚕を営む農業青年との懇談会にお寺に泊まり込みで行くことになった。仲介をする人を出してほしいと、農林水産省に要請があり、私が行かされた。

ところが私は小学校の県内旅行で諏訪・岡谷・松本までは行ったことがあったが、それより南の伊那谷には一歩も足を踏み入れたことがなかった。その時が初めての飯田入りで、びっくり仰天したのは、まだ養蚕を一生懸命やっている人たちがいたということである。

長野のりんごの南北戦争

当時の松澤太郎飯田市長も当然その勉強会に同席されていたのでそのことを率直に述べたところ、えらく気にされて翌週中野に見学に来られた。そして飯田でも果樹を振興されたという。それ以降伊那谷にりんごや梨が作られるようになって、長野県における「南北戦争」が勃発した。長野県は青森より早くりんごができ、市場が初物に高値をつけそれで利益を得ていた。その長野県でも北信ではなく南信地方で一週間ほど早くできることになった。つまり、北信の初物の相場の利益を南信に持って行かれてしまったのだ。その一つのきっかけを私がつくってしまったのではないかと思う。飯田は街路樹のりんごが有名だったけれども、それまでは農家自体はそれほど果樹栽培をしていなかったのだ。

今ではすっかりさびれてしまった養蚕だが、やはりこれからＳＤＧｓの時代となる。他の植物繊維や絹の着物というのは復活してきてもいいいと思う。

〔桃〕

世界一のおいしい果物王国長野県の誇り

私は農水省時代に地産地消、旬産旬消という言葉を考えついた。そしてこれが今になってあちこちで使われるようになっている。地産地消についてはあちこち述べているのでやめるが、旬産旬消は私がりんごや桃をずっと作っていたことから思いついた言葉である。

ようやくできた信州三兄弟

篠原家の農業の大半は果樹での収入で支えられていた。私の小さい頃は、りんごと言えば、一番早い緑色のりんご成子(なるこ)である。次に紅玉(こうぎょく)、そしてスターキングデリシャスという真っ赤なりんご、次にゴールデンデリシャスという真っ黄色なりんご。そして最後は国光(こっこう)である。この時代が長らく続いた。

その後青森県の農業試験場でいろいろな新品種、つがる、陸奥、世界一、王林といったのができ、とどのつまりに「ふじ」になった。そして今長野県では、中野市の小田切健男氏の育成した秋映(あきばえ)と、須坂市にある長野県果樹試験場が育成したシナノゴールドとシナノスイーツが信州三兄弟で売り出されている。

一にゴールデンデリシャス、二に落下寸前の紅玉

私は自分で作りながら、一番美味しいのは何だったかと問われると、一にも二もとれたてのゴールデンデリシャス、2番目は下枝に残って色付きも悪く売り物にならずに、ほったらかしにされて、あとちょっとで落ちてしまう直前の大きくなった紅玉と答える。二つに共通するのはとれたて、つまり旬産旬消である。ゴールデンデリシャスはそれはそれはみずみずしく甘酸っぱくてうまかったが、いかんせん3～4日で新鮮味がなくなり、ボケてしまう。紅玉は酸っぱい味が好きだったが、蜜がのって、普通のりんごの倍くらいの大きさになったのが格別美味しかった。

他の野菜もそうだが、新鮮さや栄養価を考えると旬のものとれたてが一番よいに決まっている。それで1987年から地産地消とともに旬産旬消を使いだした。SDGsの時代、この二つの標語の価値がますます重要になってきている。

旬産旬消の代表水蜜桃

アメリカに2年間留学しパリで3年間暮らし、国際部にいた時にはあちこち出張し世界の果物を食べたが、日本のりんごほど美味しいものはなかった。もう一つ美味しいものに桃があるが、桃は旬産旬消が必要とされる果物の典型である。過熟と称される熟し過ぎた桃がある。桃はもともとの名前は水蜜桃である。よくできた名前で、放って置くと桃は店頭に並んでいる桃のそれこ

そ倍になる。そして柔らかくなり、押すと蜜がビューッと飛び出るようになる。それではとても輸送もできないし売り物にならず、かなり前に収穫される。ところが、桃の木の葉っぱの影に隠れてとり忘れた（とられ忘れた）のが残り、大きな水蜜桃になってしまうことがあり、これが一番うまいのだ。私の高校時代のテニス部の村松が我が家に来た時に、なぜかしら桃とりに連れていったら、その過熟を次々に食べ、もう夕飯は要らないと言って帰って行った。そして今でもあの時の桃の味は忘れられないという。

私は1976年偶然アメリカに留学することになったが、いろいろ自分で考えてというよりも人に勧められてワシントン大学のロースクール及び海洋総合研究所に行くことになった。そこには旧知のヘイリー助教授がいた。私は京都大学法学部時代、ゼミの北川善太郎先生から頼まれて、1週間に1回ヘイリー家を訪れて、日本語や民法を教えていた。

京都で初めて会った時によせばいいのに見栄を張って「自分は英語ができる。しかしあなたは日本語を習いに来てるし日本にいるんだから、ここでは英語は一言も話さない。逆にアメリカに行くことになったら絶対日本語は話さない」と余計なことを言ってしまった。その結果、京都のヘイリー家では一切英語を話したことがなかった。

そして4年が経ち、私が逆にアメリカに行くことになってしまった。アメリカに行ったら絶対日本語を話さないということを覚えておられたら大変なので「僕のことで何を一番印象になって覚えているか」と恐る恐る聞いた。もちろん約束通り英語で話しかけた。ところが彼から出てきた言葉を聞いてホッとした。「あなたが夏休みが終わり、リュックの中に二つか三つ詰めて持ってきてくれた大きな桃。あれは自分が人生の中で食べた一番美味しい果物だ」という答えが返ってきたのである。つまり、信州の果物の味が国際的にも（？）評価されたのだ。アメリカの桃は小さくて渋くて、うまいと思ったことは一度もなかった。夏も終わり頃で桃とりの最後に過熟がいっぱいあった。丁度京都に帰る時だったので、どこかにぶつからないようにしてリュックに丁寧に丁寧に包んで持って行ったことを思い出した。まさに旬の水蜜桃だったのだ。信州の果樹生産者は、日本の思い出の一つに挙げられる最高の味の果物を誇りに思っていいのではないかと思う。

〔アスパラガス、稲（米）〕
実家では決して農政を語らず

私は農家の3人の男兄弟の長男として生まれ、特に祖父には跡取り跡取りとえこひいきされて育ったにもかかわらず跡をとらず、一番下の弟が跡をとっていることにずっと罪の意識が残っていることは前に述べた通りである。その代わり、近所の農家の人たちの暮らしが少しでも良くなることに貢献できたらと思い、農林水産省に入省した。しかし、祖父の願った篠原家の跡をとらなかったことは重大な約束違反であり、仏壇ではいつも済みませんと手を合わせている。

中野でカスこくな

途中からものを書き始め、それがもとであちこちの講演に招かれ、週末は殆ど家にいなくて妻に怒られどおしだった。全国で農政を語って歩いたが、罪の意識があったので、実家では決して私の農業論・農政論など語ったことがなかった。例えば有機農業は趣味であるが、消毒を年10回もしている実家でそんなことを言えた義理ではなかった。それどころではない。父母から「中野にカスこき（生意気な?ことをいう方言）に帰ってきちゃいけねえ」と、地元での講演に釘を刺されていた。そしてその言い付けを守り、一度しか帰ったことがなかった。

米作りやめるのをやめてくれ

ところが一度失敗をやらかした。転作絡みである。もちろん日本全国の農家がそうであるように、我が篠原家でも田んぼがあり米を作っていた。しかし、弟が全部の田んぼを果樹畑にするというのだ。私はあまりにも寂しかったので、それはあんまりじゃないかとちらっと言ってしまった。そしたら「何を言っているんだ。農林水産省が転作を勧めて米を作るな作るなと言っていて、それに従っているのに何が悪いんだ。だから霞が関農政は駄目なんだ」と言って反撃されてしまった。それに懲りてその後は実家で一切農政について語ることはなかった。

ところが、それからしばらくしてまたその禁を破ってしまった。

里帰りした時に年老いた両親が、夜中の12時までアスパラガスの調整作業をしていた。転作作物の一環として作っていたアスパラガスを、店頭の25㎝ぐらいの長さに切る機械は、私から見ると過大な投資だと思うがどこの農家にもあった。そこに昼間収穫してきたアスパラガスを並べて切り揃える作業である。その後太いのから細いのまで選り分ける必要もあり、一つの束を200gにするというのが出荷の条件なのだ。

正確には順番は忘れたけれど太いのから紫・赤・緑・黄色のテープを巻いて仕分けた等級があり、細いのは白だった。老いた両親がその作業を夜中まで一生懸命しているのだ。なおかつ難しいのは真っすぐじゃなくて一番先の部分があちこち向いているが、曲がった先は中に向けて揃え分散しないようにし、二ケ所でテープで止めて店頭にきちんと並ぶようにしなければならなかった。

俺が家を支えているという生き甲斐

私は深夜まで作業を続ける父母があまりにも可哀想なので、弟にこんなじいさんやばあさんに夜中まで働かせるな、と世話を焼いてしまった。言ってしまって後から怒られると思って首をすくめた。しかし、この時の弟の返した優しい言葉を忘れない。「兄ちゃん、何ばかなこと言っているんだ。こんなこと夜中までじいちゃんやばあちゃんにやってもらわなくてもいいんだ。だけど二人とも自分がやらなかったら、この家は食って行けないと思っていて、それが生きがいになって一生懸命やってくれてるんだ。だからこんなのやらなくていいと言ったら、どんどん齢をとってしまうぞ。一生懸命百姓仕事をやらなければと思って気を張ってやってるから、長生きできているんだ」という反論であった。

これを聞いた私はますます弟に頭が上がらなくなり、今度こそ一切実家の農業経営について言うことはやめることにした。

しかし、弟の言ったことは相当的を射ていた。長野県は今は少し違うが、男子が日本一長寿であった。女子も相当長生きになってきていた。その一つの理由に高齢者就業率日本一がある。就業といってもどこかに勤めるわけではなく、農作業に勤しむのだ。長野県は農家戸数も一番多く、定年退職したサラリーマンもなんだかんだで農作業をしていて、それがもとで健康になっているということである。そのことを我が家でもまさに実践していたのではないかと思う。父は91歳、母は89歳までいわば天寿を全うし、113日間の間を置いて同じ年に亡くなっている。もうしなくてもよくなったのに、天国でも二人して仲良くアスパラガスの調製作業をしているかもしれない。

〔りんご、桃〕

産直で実家への罪滅ぼし貢献

農林水産省に入ってからも盆と正月に帰省する。お盆の頃は桃とりの時期で早朝の3時に起こされて、とり終えてから寝ろと手伝わされた。他に、11月頃に帰った時にも、明日霜が降る、そうするとりんごは潰れて凍ってしまうということで、夜中のうちにとらなくてはならず、私も狩り出された。雪の積もった畑に行って車のライトをつけっぱなしで徹夜でりんごとりをしたこともあった。濡れるので軍手を十双ぐらい持って行って、取り替えながらの作業を行う。ただ、高校卒業以降は実家の農業に殆ど貢献できなかった。

産直相手を紹介せよとの跡取りの依頼

世の中、宅急便が増えて産直が増えてきた。私は、我が家でもやったらいいのになぁと思ったけれども、跡をとってくれた弟には、そういう世話は一切やかないでいた。ところが1980年代の中頃、弟から産直の相手方を紹介しろという申し出があった。こんなところで少しは貢献しなくてはと思い、年賀状相手を探してみたところ、大半が地元出身の人たちと農林水産省の関係者でそれ以外の人は殆どいなかった。地元の関係者は、りんごなどはいろいろなところでもらっているので産直の相手にはならない。農林水産省の関係者に我が家のりんごを買ってくれというのは、職場で商売するようでとても気が引ける。それで紹介できたのは、大学時代の同級生だけであった。

その点では自信があった。大学時代4年間大半を過ごした三畳の小さな部屋に、いろいろな友達が遊びに来た。遊びに来ただけではなく、りんごが食べたいと言って夜中の2時に来たひどい奴もいたくらいである。つまり私の美味しいりんごや桃を大半の友人たちが学生時代に食べていたのである。だから、その連中に弟のりんごの産直の相手になってくれと一斉に手紙を出した。当然のことといえば当然だけれども、誰一人断ることなく全員が私の弟の産直のお客になった。

思いがけない産地偽装

それから数年後トラブルが発生した。弟からの怒りの電話である。「兄ちゃん、俺もう兄ちゃんの友達のところになんか産直やらない、送らない」。どうしたんだと聞くと、台風でりんごは大半が落ちてしまった、というのだ。

桃から始まり、りんごでは早生種、中生種、晩生種と多くの種類があるので、5月ぐらいに注文をとっていた。ところが台風で落下して途中からりんごがなくなってしまった。そこで台風で落ちなかったりんごをあちこちのところに頼んで、予約では5000円だったものを損をして7000円掛かって集めて送ったという。

ところがそのうちの数人から、いつものりんごの味と違うとクレームがついてきたのだという。それに対して弟はカンカンに怒ったのだ。せっかく高い金を出して自分のところじゃないりんごを予約どおりに送ってかき集めてやったのに、こんな文句を言われてはやっていられないと言うのだ。

私が何をばかなこと言ってるんだ、それだけ篠原農園のりんごの味を覚えくれていたありがたい消費者じゃないか、そんな時は事情を話してお詫びをして、送らないでおけばいいんだと諭しても聞かない。

生産者と消費者の思いやりが救い

そこで父に頼んで、お詫び状を書いてもらった。すると、その相手方全員からほぼ同じ返事が返ってきた。「台風でりんごがみんな落ちてしまったのだったら言って下さい。その時はそれで仕方ないから食べないでいます。そんな無理して他のところからかき集めて送るなんてことはしてもらわなくていい」ということであった。

産地偽装とか世間で指弾されることが多かったが、よくみてみると弟と全く同じケースも多く垣間見られた。このお客さんを失ってはいけないという善意から出たことなのだ。こういったところで、生産者と消費者の齟齬ができてしまうのではないかと思う。どこでもこの手のトラブルは付き物だが、要は生産者と消費者の信頼関係で凌いでいくしかあるまい。

あとがき

21世紀になり、2011年3月福島第一原発事故があり、日本は大きな転換を迫られた。それから10年も経たないうちに、2020年1月、新型コロナウイルス感染症で社会・経済活動が麻痺してしまった。

私は前者をきっかけにして、戦後ずっと右肩上がりが当然だと考えていた日本人の価値観が変わると思っていた。しかし、昨今の原発再稼働に対する世論調査結果を見ると、電気料金がこれだけ上がったからもう原発に頼らないとやっていけないと考える人が増えている。ドイツは、原発事故が起きていないのにG7サミット時の札幌の環境大臣会合で原発の完全廃止をやってのけている。日本は唯一の被爆国の上に米ソに続いて原発事故も経験しているというのに、彼我でなぜこうも違うのか。よく分からない。

コロナ対応は、欧米諸国と比べて日本のほうが神経質だった。しかし、こちらも喉元過ぎれば熱さ忘れるではないが、今は感染症法上の扱いも2類から5類に変わったこともあり、もう4年前の生活に完全に戻ってしまっている。アメリカでは、感染症は過密都市のほうが危険であることが分かり、テレワークなりリモートワークが浸透し、郊外に移住する人が増えた。住宅も建てるので、日本に木材を輸出する余裕がなくなり、日本では一時住宅建築が滞り、ウッドショックと呼ばれた。ところが、日本ではほんのひと時東京への転入が減っただけで、今は元に戻って前と変わらぬ一極集中が進行中である。日本人は忘れっぽい国民なのだろう。特に悪いことはすぐ記憶の彼方にいってしまうのかもしれない。

さてこの二大事件の合間を縫って、日本の農業・農村はどのように変貌を遂げたのだろうか。そして今後どうなって行くのだろうか。

私は、1973年に農林省（当時）に入省、以来30年間農林水産行政に携わり、2003年退官した。すぐさま衆議院議員となり、行政・政治とずっと農政の舵取り側にいる。だから、悩みが多過ぎる農業・農村の実態を見るにつけ、胸の痛みばかりが先に立つ。こんな状態にした（なった）のは、私の力量が不足していたからかと自責の念にかられることがしばしばある。ただ、私の役割など微々たるもので、世の中の大きな流れの中で動いてきたので仕方ないと自らを慰める時もある。

本書は、一つの理念で書き連ねたものではなく、私の19年間の政治活動の中で、その時々の課題について書いたもの（時論）を、一つにまとめたものである。私の考える理想の国家・社会像があり（孝論）、それと違うと苛々しながらまとめたものが大半である。その数は全体で約

1000本、農業問題だけでも約200本に達する。そしてその中から編集者に選んでいただいたもの四十数本を農林編としてまとめたものである。だから、整合性はそれほどないかもしれない。そこで、時論・孝論の頭書をつけて、タイトルの一部とさせていただいた。

私はここ十数年、1ケ月に3〜4本、3000字前後のブログを書き、それをビラにして長野駅前の街宣に使ってきた。発信字数では他の政治家の追随を許さない。先の話になるが今までに書き溜めたものを環境・エネルギー、外交・安保、政治改革、野党運営などについて続けてまとめたいと思っている。

『農的小日本主義の勧め』、『第一次産業の復活』、『農的循環社会への道』、『TPPはいらない』、『原発廃止で世代責任を果たす』、と一連のタイトルを見ていただいただけで、私の趣味がお分かりいただけると思う。そして本書は当然この延長線上にある。

SDGsの農業・農村をずっと追い求めているのだ。農林水産省が、有機農業になど見向きもしなかったのが、2021年突然「みどりの食料システム戦略」とか言い出して、2050年までに、有機農地を100万ha（総耕地面積の4分の1）にする目標を立てた。EUが2030年に向けて4分の1を有機農地にする目標を立てたのに引っぱられてのことだ。ところが、EUは既に8％が有機農業であり、日本は0・2％でしかない。目標年次2030年と2050年とでは全く異なり、日本はいい加減この上ない計画である。私がずっと前から有機農業と叫んできたことを知る後輩は、やっと篠原さんに追い付いた、とか適当なことを言っている。ただ、有機農業が明確な政策目標の一つに取り入れられただけでも一歩前進としよう。

1章は環境保全型農業に向かうしかないとまとめた。2章では食料安保をないがしろにし、農業・農村を潰しつつあった安倍農政を批判した。3章は少々専門的になるが種の問題を提起した。4章は、円安で大打撃を受けている加工畜産の問題を指摘し、地産地消の原点に立ち戻るべきだと提案している。5章は、疲弊してヘトヘトになっている中山間地の再生の途を探ったものである。最終の6章は、私と関わり深い人たちを通じた農業・農村論を展開した。そして最後に、私が農業をどうやって手伝って来たかを綴ってみた。日本農業の変遷の一部が見えてくるはずであり、私の農業・農村観がどのようにして出来上がったかも、ある程度分かっていただけるのではないかと思う。

日本農業はずっと危機的状況にある。私はこのままでは日本の将来が危ういと警鐘を鳴らし続けている。どのような手を打つべきかも主張し、実行したものもそこそこあるが、とても大きな流れには抗し難い。そうした中、本書を日本の農業・農村を、そして日本の将来を考える一助にしていただければ幸いである。

２０２３年　11月

篠原　孝

篠原孝国会事務所

〒100-8981 東京都千代田区永田町2-2-1
衆議院第一議員会館719号室
https://www.shinohara21.com

装丁 ——熊谷博人
デザイン ——ビレッジ・ハウス
校正 ——吉田 仁

著者プロフィール

●篠原 孝(しのはら たかし)

1948年、長野県生まれ。京都大学法学部卒業。1973年、農林省入省。ワシントン大学海洋総合研究所留学。OECD日本政府代表部参事官(パリ)、水産庁企画課長、農林水産政策研究所長を務める。農学博士(京都大学)。2003年より衆議院議員。菅直人内閣で農林水産副大臣などを歴任。現在、議員連盟では食の安全と安心を創る議員連盟会長、有機農業議員連盟副会長、菜の花議員連盟幹事長、水産業・漁村振興議員連盟幹事長などを務める。

著書に『農的小日本主義の勧め』(復刊、創森社)、『第一次産業の復活』(ダイヤモンド社)、『EUの農業交渉力』(農文協)、『農的循環社会への道』『原発廃止で世代責任を果たす』(ともに創森社)、『花の都パリ「外交赤書」』(講談社)、『TPPはいらない！』(日本評論社)など多数。

時論・孝論〔農林編〕 持続する日本型農業

2023年11月6日　第1刷発行

著　者――篠原 孝

発 行 者――相場博也

発 行 所――株式会社 創森社

〒162-0805 東京都新宿区矢来町96-4

TEL 03-5228-2270　FAX 03-5228-2410

https://www.soshinsha-pub.com

振替00160-7-770406

組　版――有限会社 天龍社

印刷製本――中央精版印刷株式会社

落丁・乱丁本はおとりかえします。定価は表紙カバーに表示してあります。

本書の一部あるいは全部を無断で複写、複製することは、法律で定められた場合を除き、著作権および出版社の権利の侵害となります。

©Shinohara Takashi 2023 Printed in Japan ISBN978-4-88340-365-3 C0061

〝食・農・環境・社会一般〟の本

創森社　〒162-0805 東京都新宿区矢来町96-4
TEL 03-5228-2270　FAX 03-5228-2410
https://www.soshinsha-pub.com
＊表示の本体価格に消費税が加わります

農福一体のソーシャルファーム　新井利昌 著　Ａ５判１６０頁１８００円
西川綾子の花ぐらし　西川綾子 著　四六判２３６頁１４００円
ブルーベリー栽培事典　玉田孝人 著　Ａ５判３８４頁２８００円
育てて楽しむ スモモ 栽培・利用加工　新谷勝広 著　Ａ５判１００頁１４００円
育てて楽しむ キウイフルーツ　村上 覚 ほか 著　Ａ５判１３２頁１５００円
ブドウ品種総図鑑　植原宣紘 編著　Ａ５判２１６頁２８００円
育てて楽しむ レモン 栽培・利用加工　大坪孝之 監修　Ａ５判１０６頁１４００円
未来を耕す農的社会　蔦谷栄一 著　Ａ５判２８０頁１８００円
育てて楽しむ サクランボ 栽培・利用加工　富田 晃 著　Ａ５判１００頁１４００円
炭やき教本～簡単窯から本格窯まで～　恩方一村逸品研究所 編　Ａ５判１７６頁２０００円
エコロジー炭暮らし術　炭文化研究所 編　Ａ５判１４４頁１６００円
図解 巣箱のつくり方かけ方　飯田知彦 著　Ａ５判１１２頁１４００円
とっておき手づくり果実酒　大和富美子 著　Ａ５判１３２頁１３００円
分かち合う農業ＣＳＡ　波夛野 豪・唐崎卓也 編著　Ａ５判２８０頁２２００円

虫への祈り―虫塚・社寺巡礼　柏田雄三 著　四六判３０８頁２０００円
新しい小農～その歩み・営み・強み～　小農学会 編著　Ａ５判１８８頁２０００円
とっておき手づくりジャム　池宮理久 著　Ａ５判１１６頁１３００円
無塩の養生食　境野米子 著　Ａ５判１２０頁１３００円
図解 よくわかるナシ栽培　川瀬信三 著　Ａ５判１８４頁２０００円
鉢で育てるブルーベリー　玉田孝人 著　Ａ５判１１４頁１３００円
日本ワインの夜明け～葡萄酒造りを拓く～　仲田道弘 著　Ａ５判２３２頁２２００円
自然農を生きる　沖津一陽 著　Ａ５判２４８頁２０００円
シャインマスカットの栽培技術　山田昌彦 編　Ａ５判２２６頁２５００円
農の同時代史　岸 康彦 著　四六判２５６頁２０００円
ブドウ樹の生理と剪定方法　シカバック 著　Ｂ５判１１２頁２６００円
食料・農業の深層と針路　鈴木宣弘 著　Ａ５判１８４頁１８００円
医・食・農は微生物が支える　幕内秀夫・姫野祐子 著　Ａ５判１６４頁１６００円
農の明日へ　山下惣一 著　四六判２６６頁１６００円

ブドウの鉢植え栽培　大森直樹 編　Ａ５判１００頁１４００円
食と農のつれづれ草　岸 康彦 著　四六判２８４頁１８００円
半農半Ｘ～これまで・これから～　塩見直紀 ほか 編　Ａ５判２８８頁２２００円
醸造用ブドウ栽培の手引き　日本ブドウ・ワイン学会 監修　Ａ５判２０６頁２４００円
摘んで野草料理　金田初代 著　Ａ５判１３２頁１３００円
図解 よくわかるモモ栽培　富田 晃 著　Ａ５判１６０頁２０００円
自然栽培の手引き　のと里山農業塾 監修　Ａ５判２６２頁２２００円
亜硫酸を使わないすばらしいワイン造り　アルノ・イメレ 著　Ｂ５判２３４頁３８００円
ユニバーサル農業～京丸園の農業／福祉／経営～　鈴木厚志 著　Ａ５判１６０頁２０００円
不耕起でよみがえる　岩澤信夫 著　Ａ５判２７６頁２５００円
ブルーベリー栽培の手引き　福田 俊 著　Ａ５判１４８頁２０００円
有機農業～これまで・これから～　小口広太 著　Ａ５判２１０頁２０００円
農的循環社会への道　篠原 孝 著　四六判３２８頁２２００円
持続する日本型農業　篠原 孝 著　四六判２９２頁２０００円